JN056050

本当にあった！世界の“機動戦士ガンダム”計画

MOBILE SUIT GUNDAM PROJECT FOR THE REAL WORLD

横山雅司
TEXT BY MASASHI YOKOYAMA

彩図社

はじめに

西暦は宗教家イエスの誕生年を起点とした暦とされる。

西暦は人類発展の歴史であると同時に戦争の歴史であり、大量破壊兵器による人類滅亡の危機すら経験した。その西暦の末期、幾度もの挑戦の末についに人類は恒久的に宇宙に住まうことができる技術を開発した。スペースコロニーと呼ばれる宇宙都市である。

全長30キロメートルを超える巨大な円筒の構造物を回転させることで、その内側に遠心力による擬似的な重力を発生させる。内部には森や街が作られ、人間が快適に暮らせる環境であった。また、コロニーには農業区画や工業区画が付属しており、一基のコロニーである程度完結した生活空間となり、このコロニーを数十基集めると一つの国家に匹敵する人口となる。このコロニーの集合体はのちに「サイド」と呼ばれることになる。

当時、すでに各国家の統合的な意思決定機関として地球連邦政府があり、宇宙への移民技術が完成した年をもって、連邦政府は西暦から「宇宙世紀」への移行を宣言した。

これが、アニメ「機動戦士ガンダム」の基本的な世界観である。ガンダムを視聴したことをない方には意外かもしれないが（そしてガンダムファンには説明の必要もないが）、ガンダムは正義のロボットが悪者を倒すアニメではない。それは宇宙世紀のその後の歴史が物語る。

初期には未来への夢と希望が詰まった宇宙への移民だったが、地球産業の縮小と宇宙経済への依存、それを担う宇宙移民への管理統制が強化されてくると、次第に宇宙移民は〝宇宙植民地への社会的弱者の棄民政策〟という色彩を帯びてくる。もともと増えすぎた人口を宇宙に移民させることが目的の計画でもあったが、ついには地球人口20億人に対して、宇宙都市の総人口は90億人に達した。

移民開始から数世代を経る頃には、地球に住む人々を「アースノイド」、宇宙に住む人々を「スペースノイド」と呼び習わすようになる。地球に住むエリート階層の中には、スペースノイドを一段劣るものとして露骨に差別する人間も多かった。

一方でスペースノイドの中には自主独立を唱える機運が高まっていた。

その中心的人物が、政治運動家のジオン・ズム・ダイクンである。

地球から最も遠いコロニー群であるサイド3「ムンゾ」でスペースノイドの独立を目指していたジオンは、しかし志半ばで病に倒れる。

ジオンから後継者として指名されたのがデギン・ソド・ザビである。

ジオンの意志を継いだデギンは、スペースノイドの主権確立と挙国一致体制の速やかな整備のため、自らを公王と称し独裁体制を敷き、サイド3「ムンゾ」を「ジオン公国」とした。これはジオンの片腕だったデギンが、ジオンの意思を堂々受け継いだと見る向きもある一方、デギンがジオンを暗殺したのではないか、という噂は生涯消えることはなかった。

デギンにとって最大の失策は、あくまで方便にすぎなかった公国制への移行が、野心に燃えるザビ家の長男ギレンによってより強固な独裁体制へと変質させられたことであった。

ギレン・ザビはその弁舌の才によって、「スペースノイドの主権の確立」という穏当な要求を「宇宙で進化した新人類であるスペースノイドが全人類を管理すべき」という選民思想にすり替え、地球連邦の圧政に苦しむジオン国民を熱狂させた。もともとジオンの思想には、「新しい人類はより進歩して、誤解なく相互理解しあえるようになる」という「ニュータイプ思想」があった。しかし、ギレンにとって、ニュータイプ思想はスペースノイドの優越性を証明する口実に過ぎなかったし、ザビ家の長女キシリアはフラナガン機関を使い、ニュータイプ能力者を超能力兵器として使う実験を行わせていた。

デギンは血を分けた子どもたちの暴走を食い止めることができなかった。温厚で誠実だった末っ子のガルマ・ザビを溺愛していたといわれているが、その裏にはうまくいかない政治の世界に対する疲れがあったのかもしれない。

ともかく、宇宙世紀0079年1月3日、ジオン公国は地球連邦政府に対し、独立を宣言した。それはお互いに自分自身が正義だと信じる者たち同士の、救いのない戦争の始まりであった。

ガンダムは時に、未来の夢を象徴するキャラクターのように扱われることがある。だが、その物語は始まりから終わりまで戦争に巻き込まれた人々の苦悩の物語であり、主人公アムロは父とも母とも離別し、人殺しを強要され、周りから理解されることも少なく、唯一の救いは戦争を生き延びて仲間のもとに帰れたことだけだった。

しかし、だからこそ、その物語は人々の胸をうち、放送から40年を過ぎた今も人気のコンテンツとなっているのである。

この本では、そのガンダム、特に一年戦争を舞台とした作品に登場する兵器などのメカ、ノーマルスーツなどの道具、スペースコロニーなどの未来技術について、「作品制作当時にどのようなものが研究され、実用化され、あるいは実用化されなかったか」について論じている。

意外なことに荒唐無稽に思えるメカや乗り物にもモデルになった、あるいは類似した内容の実物や実験機、研究計画などが存在している。

一般にはあまり知られていないそれらの技術を取り入れたことが、ロボットアニメという、斜に構えたいい方をすれば「おもちゃを売るための宣伝番組」であったはずのガンダムにリアリティを持たせ、いわゆる「リアルロボットアニメ」の始祖たらしめた要素の一つといえよう。

その後、等身大の人物がその作品世界の理論に基づいて作られた工業製品としてのロボット兵器に乗る〝リアルロボットアニメ〟は『太陽の牙ダグラム』『銀河漂流バイファム』『装甲騎兵ボトムズ』など、次々に名作を生み出すことになる。

そして、それが幼児のものだったロボットアニメを青年層も視聴するようになるきっかけになり、映像作品、ゲーム、漫画などにも大きな影響を及ぼし、日本の文化そのものを変えることになったのである。

本当にあった！　世界の〝機動戦士ガンダム〟計画～目次～

第二章 宇宙世紀の技術

第三章　宇宙世紀の装備……155

第一章　宇宙世紀の兵器

【第一章　宇宙世紀の兵器】

モビルスーツと西暦の宇宙機の機体制御

01

宇宙世紀のモビルスーツとは？

宇宙世紀において、決定的な役割を果たしたモビルスーツ。

モビルスーツは「ミノフスキー粒子散布下における有視界戦闘」という、極めて特異な状況を想定して開発された兵器である。劇中、モビルスーツが地上戦で活躍する場面も出てくるが、本来の用途は宇宙兵器であって、その戦術的な柔軟性の高さによって、それまでの重武装の宇宙艦艇と宇宙戦闘機による戦闘を完全に過去のものとした。

だが、開発初期の段階から「人型巨大兵器の開発」がジオン公国上層部の賛同を得ていたわけではない。

モビルスーツの原型たる**MS・01**※にしてもその開発状況がはっきりしておらず、宇宙

※**MS・01**
『機動戦士ガンダム』で設定上存在する最初のモビルスーツ。1981年発行された月刊OUT別冊『ガンダムセンチュリー』を初出とする。

DATA

モビルスーツ

宇宙世紀を代表する主力兵器。ミノフスキー粒子散布下の有視界戦闘を想定して開発された。宇宙空間で機体を制御する「AMBAC」を有する。

【スペック】

頭頂高：18.0m　本体重量：43.4t　全備重量：60.0t　装甲材質：超硬合金ルナチタニウム
出力：1,380kW　推力：55,500kg　動力源：タキム NC-7強化核融合炉

作業機と人型の中間のような「クラブマン」という機体だったという説と、作業機械に偽装し、ブルドーザーとザクⅠの交配種のようなモビルワーカー**MW・01**※がその正体であるという2説があるなど、混乱が見られる※。いずれにしても共通しているのは、ジオン公国総帥ギレン・ザビは開発初期段階のモビルスーツを過小評価しており、必ずしも期待をしてはいなかったということだ。

だが、ギレン・ザビの評価とは裏腹に、モビルスーツには宇宙機として非常に優れた特徴があった。それが「**AMBAC**※」と呼ばれる機体制御システムである。

本来、宇宙機は急速に回頭する際は、船体を横に動かす装置から推進剤を噴射する。これが激しい空中戦となれば、推進剤の消費量もバカにならない。もし、それに対応しよう

※MW-01
ジオン自治共和国が開発した試作機。月面開発作業用の人型作業機械の開発を建前としていたため、「モビルワーカー」の名称を使っていた。『機動戦士ガンダム THE ORIGIN』を初出とする。

※他の共通点
クラブマンにせよMW-01にせよ、作業機械に偽装しているのは共通している。これは、第一次世界大戦で敗れ、兵器開発が制限されていたドイツが「農業用トラクター」の名目で戦車を開発していた事実を思い起こさせる。

※AMBAC
アンバックと読む。「能動的質量移動による自動姿勢制御システム」のこと。

とすれば、機体中が燃料タンクだらけのマシンになってしまうことだろう。

だが、モビルスーツはスラスターの噴射と並行して、その重い手足を振ることで反作用を発生させられる。つまり、燃料の消費を最小限に抑えて、機体の向きを変え、主推進器を噴射したい方向に瞬時に向けることができるのだ。このＡＭＢＡＣという機構が、モビルスーツの常識を超えた機動性を可能にしているといえるだろう。

ただし、オデッサからＨＬＶで脱出した**ザクⅡＪ型**[※]が、宇宙空間においてはまともに動きがとれず、格下の連邦軍のモビルポッド・ボール相手に一方的に撃破された例でもわかるように、ＡＭＢＡＣで機動するにはＦ型のような宇宙用機体の他、高度な専用ソフトウェアとパイロットの慣れが必要であった。

※**ザクⅡＪ型**
ジオン公国が開発したモビルスーツ。宇宙用のモビルスーツであるザクⅡＦ型をより地上戦に適応する形に改修している。

考察――宇宙機の機体制御の現状

現実の世界でも、宇宙機の機体制御はきわめて重要な技術である。

たとえば、地球の軌道上から月の周回軌道に移るケースを考えてみる。

宇宙機を地球の軌道から月周回軌道に移すには、機体が月の方角を向いたタイミングで主推進器を噴射させる必要がある。しかし噴射させるといっても簡単ではない。自機の重量、求める速度、そして行きたい方向を瞬時に計算し、噴射の出力、時間、方向を決めなければならない。加えて、月は地球の周りをものすごい速度で公転している。自分も目標も動いている中で、それらをやるには高度な技術が要求されるのである。

現実の世界にはモビルスーツがないため、AMBACもまた存在していないが、宇宙開発の創成期から様々な機体制御技術が開発されている。その歴史を見てみよう。

1990年に打ち上げられたハッブル宇宙望遠鏡

●はやぶさも装備したイオンエンジン

人工衛星は、用途にもよるが一定の方向を向き続ける必要があるものも多い。

たとえば地球観測衛星はセンサー類が地表を向いていなければ意味がないが、真空の宇宙空間では飛行機のように空気の流れを利用して機体をコントロールすることはできない。

宇宙空間での機体制御方法として、最もよく知られているのが、**スラスター**※を機体の各

※**スラスター**
姿勢制御や軌道修正ために宇宙機にとりつけられたロケットエンジン。

イオンエンジン（©NASA）

所につけておき、これを噴射して反作用で機体を動かす方法である。

この方法はもっとも強力なパワーがあるが、燃料を消費するという大きな欠点がある。人工衛星は、基本的に一度打ち上げたら打ち上げっぱなしである。燃料を消費してしまうと、二度と補充できないのだ。

この燃料問題を解決するために登場したのが、イオンエンジンを使用する方法である。

１９６０年代から開発が始められたイオンエンジンは、電荷を与えた推進剤を電気的に加速して噴射するエンジンで、一度に消費する推進剤が少ないだけでなく、長時間にわたって噴射し続けることができるという特徴がある。

だが、このイオンエンジンにも欠点がある。一度に発生する馬力が小さいため、急加速できないのである。小惑星探査機「**はやぶさ**」[※]の主推進器もイオンエンジンだが、機

※**はやぶさ**
日本宇宙科学研究所（ＪＡ

体にかかる反作用は硬貨1枚分の重さと同じとされ、加速を得るのに何日もかかった。

●磁気トルカとリアクションホイール

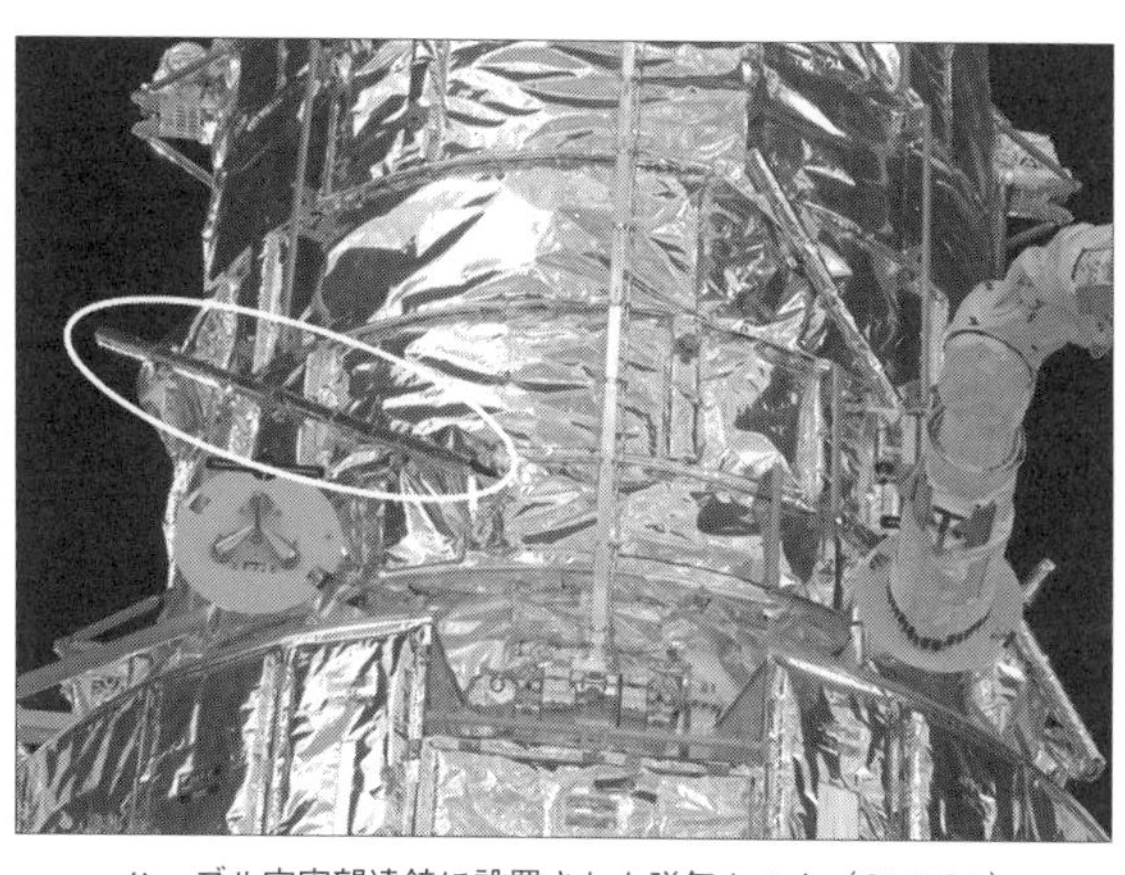
ハッブル宇宙望遠鏡に設置された磁気トルカ（©NASA）

そうした中、いま多くの人工衛星で使われているのが、電力を使用した姿勢制御装置である。

人工衛星には多くの場合、太陽電池パネルが取り付けられているため、電力は自力でまかなえる。電気の力で姿勢制御ができれば、当然燃料の消費も抑えられるというわけだ。

あまり大きな機器を内蔵できない超小型衛星の姿勢制御に多く用いられるのが、「磁気トルカ」という装置である。

これはコンピューター制御によってコントロールする電磁石のようなもので、衛星の三軸方向に取り付けておく。地球には磁場があるため、電磁石は方位磁石のように磁場の

XA）が2003年に打ち上げた小惑星探査機。2010年6月13日、小惑星「イトカワ」の表面物質搭載カプセルを地球に持ち帰ることに成功した。

はやぶさ（ISAS/JAXA）

影響を受ける。非常に弱い力だが、足場も空気抵抗もない宇宙空間では、徐々に磁場の影響を受けて引っ張られ、衛星の姿勢を動かす力となるのである。

磁気トルカは非常に小型に作れるのが利点だが、力が弱く急速な運動には向かない。そこで使われるのが「**リアクションホイール**」※という装置である。リアクションホイールはいわば回転する車輪状の重りである。この重りを急に回転させたり止めたりすることで、衛星本体に反作用が発生し、衛星を回転させようとする力が働くのである。これを重心に対して三軸方向に搭載しておけば、推進剤を消費せずに衛星の姿勢を制御することができる。

リアクションホイールの制御技術は21世紀はじめの段階で高度に発達しており、リアクションホイールを収めた実験用の立方体のフレームを、反作用によって角の一点だけを接地させて立ち上がらせたり、そのままバランスをとって静止させることも可能だった。また、一定の回転をし続けることで、ジャイロ効果によって衛星に一定の方向を向かせ続ける「**モーメンタムホイール**」※という装置もある。

推進剤を消費するエンジンを使わない、このようなアクチュエーターによる重りの運動とその反作用を利用した精密な宇宙機制御技術は、まさにAMBACの元祖というべきものだろう。先人たちの技術開発のたゆまぬ努力が、宇宙世紀の世界観を誕生させたのはいうまでもない。

※リアクションホイール

©NASA

※モーメンタムホイール

©NASA

【第一章 宇宙世紀の兵器】

メガ粒子砲と指向性エネルギー兵器

02

ガンダムが誇る強力兵器ビームライフル

一年戦争における最強の機体といえば何か。

この問いに対して、一番に候補に挙がるのは連邦軍のRX－78ガンダム※であろう。ガンダムの強さの秘密には、様々な要素が絡んでいる。ルナ・チタニウム製の装甲やニュータイプであるアムロ・レイがパイロットを務めたことなどもあるが、見逃せないのは、やはり主力武装としてビームライフルを装備していたことである。

ガンダムのビームライフルは戦艦並みの破壊力があったとされ、どのような重装甲のモビルスーツが相手でも無関係に一撃で破壊することができた。これが実体弾を発射するマシンガンだったら、モビルアーマーなどを相手にした場合相当な苦戦を強いられた

※RX－78ガンダム
ジオン公国軍のザクに対抗するために開発したモビルスーツ。当時の持てる技術を注ぎ込んだハイスペック機で、現在の設定では8体製造されたとされる。アムロ・レイが搭乗したのは2号機の「RX78－2」である。

はずだ。

ガンダムのビームライフルは、広義にはメガ粒子砲の一種である。

メガ粒子砲は**ミノフスキー物理学**※の発展に伴って開発された兵器で、それまでのレーザー砲やプラズマ砲とは原理が異なる。

レーザー砲は指向性のある光線（電磁波）を発射して、焦点を高温にして破壊する兵器で、コロニーレーザーなどが知られている。プラズマ砲は、プラズマ状態の粒子を超高速で発射する兵器で、ヨルムンガンド（26ページ）などがその一例である。メガ粒子砲はそれらの兵器と違い、圧縮したミノフスキー粒子を打ち出している。

ミノフスキー粒子は通常、＋と－に荷電しているが、圧縮されるとそれらが融合し、電気的に中性な「メガ粒子」という状態になる（これを**縮退**※という）。メガ粒子は、質量が熱エネルギーと運動エネルギーに変換された状態で**Iフィールド**※に閉じ込められている。Iフィールドを標的に向けて開口すれば、メガ粒子が光速に近い速度で飛び出していくのである。

電磁波を遮断し、電気的に中性で質量のほぼないメガ粒子は、磁場の影響や重力の影響を受けにくく、発射されればエネルギーを失って霧散するまで、どこまでも直進する。この性質は照準のしやすさにもつながり、兵器としての利点になった。

もっとも重力下では、通常の砲弾にも「山なりの軌道を描いて障害物の陰に隠れた目

※**ミノフスキー物理学**
トレノフ・Y・ミノフスキー博士が発見したミノフスキー粒子の特性を研究する学問。ミノフスキー物理学を研究するミノフスキー物理学会がジオン公国に設立されたことが、モビルスーツなどが開発されるきっかけとなった。

※**縮退**
「縮退」には使用される科学領域に応じて様々な意味があるが、ここでは荷電したミノフスキー粒子が圧縮されることで融合し、＋でも－でもないメガ粒子になった状態を指す。

※**Iフィールド**
一定の濃度以上で散布されたミノフスキー粒子が立方格子状に並んだ状態。

DATA

ビームライフル

ガンダム(RX-78)の主力武器のひとつ。史上初めて実用化されたモビルスーツ用のビーム兵器で、圧縮したメガ粒子を射出。一撃でザクを破壊するほどの威力を誇るが、圧縮したミノフスキー粒子を供給するエネルギーCAPの容量の都合で15発程度で弾切れになった。

標を攻撃できる」、「わざと敵の目前の地面を狙って撃ち、遅延信管を用いてバウンドしたところで爆発させて破片を広範囲に飛び散らせる」といった職人芸的な運用ができるという利点もあり、一概にどちらが優れているといい切れない面もあった。しかし、命中した場合の破壊力では、どんな厚い装甲板も簡単に融解させるメガ粒子砲の圧勝だった[※]。

そうした高い威力を持つメガ粒子砲だが、運用には強力なエネルギー源が必要で、初期は戦艦の艦砲として搭載されるに留まった。

一人乗りの機動兵器に載せるにはジェネレーターの小型化、高効率化が不可欠だったが、その壁を打ち払ったのが、ガンダムのビームライフルである。

ガンダムのビームライフルには「エネルギーCAP」という技術が使われていた。こ

※粒子ビーム砲とメガ粒子砲
ちなみに、書籍によっては加速器で金属粒子を加速させて発射する通常の粒子ビーム砲もメガ粒子砲として紹介しているものがある。おそらくはガンダム世界において運用していた軍人が、両者を厳密に区別する必要性をあまり感じていなかったために生まれた混同であろう、という解釈も成り立つ。

れは縮退直前のミノフスキー粒子をあらかじめライフル内に閉じ込めることで、少ないエネルギーでも強力なメガ粒子砲を撃てるようにした画期的なものであった。

ただし、ゼロからメガ粒子の生成ができないため、発射できる回数が限られているという欠点もあった。やがてカセット式にエネルギーパックを交換できる方式に進化し、**グリプス戦役**※以降はこれが主流となる。

考察――西暦の指向性エネルギー兵器

指向性エネルギー兵器の研究は昔から行なわれていた。

古くはアルキメデスが鏡を使って太陽光を収束し、敵の軍船を焼いたという伝説的なエピソードも伝わっているが、現実的な研究は第二次世界大戦頃に始まっている。

●第二次世界大戦期の指向性エネルギー兵器

日本軍は戦時中、強力な電波を敵爆撃機に当てて故障させ、あるいは撃墜するという計画があった（**Z兵器**※）。これはマグネトロンという真空管を用いて強力なマイクロ波を発生させるというもので、本来はレーダーの部品となる機器の活用法の一つとして研

※**グリプス戦役**
『機動戦士Zガンダム』で描かれた戦争。地球連邦軍の軍閥、エウーゴとティターンズによる争いに、ジオン軍の残党であるアクシズが加わり三つ巴の闘いになった。

※**Z兵器**
太平洋戦争時の大日本帝国海軍の計画。静岡県島田に大型のパラボラミラーを設置するなど実験を行ったが終戦までに完成しなかった。

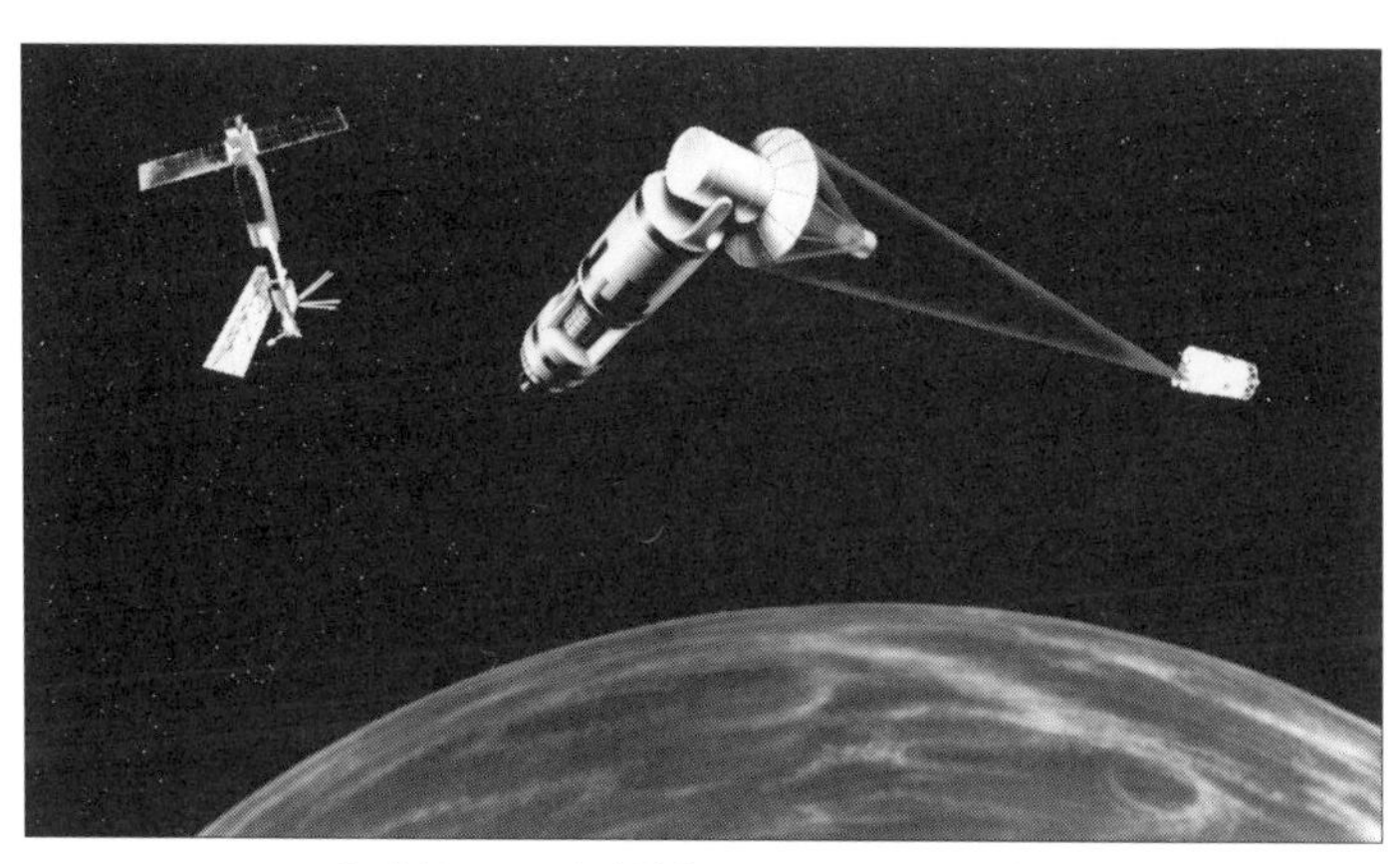

レーザー衛星による宇宙防衛システムのコンセプトアート

究されていた。程度の差はあれ、同様の研究はドイツやイギリスでもあった模様だが、マイクロ波砲は実用化されることはなかった。

余談だが、2000年代のアメリカでも行なわれている。これは目標に「熱さ」だけを感じさせて制圧する暴徒鎮圧用の非殺傷兵器としての用途で、このときは低出力のマイクロ波照射装置**ADS**※が試作されている。

●米軍の宇宙レーザー計画

本格的に指向性エネルギー兵器が研究されたのは冷戦時代になってからのことだ。

1980年代のアメリカでは、当時のレーガン大統領の肝煎りで「**SDI**※（戦略防衛構想）」なるプロジェクトがスタートした。敵の大陸間弾道ミサイルが着弾する前に、衛星

※**ADS**
アクティブ・ディナイアル・システムの略。電磁波を対象に照射することで皮膚の表面温度を上昇させ、火傷をしたような錯覚を抱かせるとされる。

※**SDI**
宇宙空間で撃ち落とすイメージからSF映画になぞらえて「スターウォーズ計画」とも呼ばれた。

アメリカ海軍に配備されている「XN-1 LaWS」（※）。赤外線レーザーを照射することでドローンなどの小型機を破壊することができるというが……。

兵器を使って宇宙空間で撃ち落とすという壮大な計画である。

大陸間弾道ミサイルは、宇宙ロケットの先端に複数個の核弾頭を搭載したもので、目標へ向けて飛行しながらダミーも含めた多数の核弾頭をばら撒く。これを敵ミサイルの上昇中、弾頭展開中、飛翔中、落下中の4段階に分けて、それぞれに適した兵器で攻撃し破壊しようというわけだ。この計画には地上から発射するミサイルや偵察衛星も含まれるが、なんといってもレーザー砲やビーム砲などを備えた衛星兵器がこの計画の肝である。

●実用化にはほど遠いレーザー砲

だが、肝心のレーザー砲やビーム砲は実用化には程遠い状態であった。

※**XN-1 LaWS**　アメリカ海軍の指向性レーザー兵器。2014年に第五艦隊の揚陸艇ポンスに配備されている。1発照射するのに、1ドル以下のコストしかかからないというが、量産化されて実戦配備されたという話は聞かない。

本当に宇宙にビーム砲台を作るとすると国際宇宙ステーションか、それ以上に巨大施設を何十機も打ち上げなければならない。それは予算的に見ても不可能だった。

また計画されていたX線レーザー衛星は、核爆発のエネルギーで強力なレーザーを発射する一発限りの使い捨て衛星兵器だったが、核爆発を伴うため、地上で実験をすることが難しかった。電磁気力で弾丸を打ち出すレールガンも研究され、弾丸の発射には成功していたものの、それはあくまで研究施設内での話であった。地上での実験も不十分なのに、それを宇宙に打ち上げるなど夢のまた夢である。80年代に宇宙兵器として実用化するのは無理があったのだ。

しかし、情報戦のネタとしては有効だったようで、ソビエト連邦にはかなりの軍事的圧力を与えたようである。しかし、ＳＤＩにはソ連のみならず**アメリカ国内からも批判**※が巻き起こり、１９９１年のソビエト連邦の崩壊とともに立ち消えとなった。

現在では対ドローン兵器用に操縦妨害電磁波を発射する銃などが使われ始めているが、敵を撃ち落とすようなビーム砲はいまだに実用化されていない。

単純に「通常の火薬による発射装薬を使った兵器の方が堅実に進歩しているから」というのが大きな理由だが、何かブレイクスルーとなるような画期的な発明でもない限り、ガンダムのようにビーム砲を撃つような兵器は出現しそうにないのが現状だ。

※**アメリカ国内からも批判**
成功すれば核の均衡を崩し、かえって戦争の危機を招くし、失敗したら壮大な無駄遣いになる、などと批判された。

【第一章　宇宙世紀の兵器】

試作艦隊決戦砲ヨルムンガンドとムカデ砲V3

03

大韓巨砲主義時代の最強砲「ヨルムンガンド」

モビルスーツが実用化される以前、強い宇宙軍とは大口径のメガ粒子砲を搭載した大型艦をより多く装備する軍隊のことであり、それはすなわち地球連邦軍宇宙艦隊のことであった。

地球連邦軍の**マゼラン級戦艦**[※]はその代表であり、大型二連装メガ粒子砲塔二基、二連装の中型メガ粒子砲を六基（艦によって装備は多少異なる）、個艦防御用の対空銃座を多数装備しており、レーダーを用いた索敵とそれと連動した火器管制装置、誘導ミサイルによって、これほどの大火力をほぼ百発百中で命中させる能力があった。

※**マゼラン級戦艦**
地球連邦軍の主力艦。おもに将官級の指揮官が座乗して旗艦として運用された。全長327メートル、本体重量4万1000トンを誇る。

DATA

ヨルムンガンド(QCX-76A)

ジオン公国が建造した艦隊決戦用兵器。大型核融合炉で発生させたプラズマ流を加速させて撃ち出し、マゼラン級戦艦を一撃で破壊する威力がある。

【スペック】

全長：231.0m　全高：28.4m
全幅：12.4m　主動力：熱核融合炉
有効射程：300km

ところが、ミノフスキー粒子を利用した電子戦によってこれらの能力は無効化する。**ルウム戦役**[※]における モビルスーツの近接戦闘などで、地球連邦軍が大敗を喫することになったエピソードは、「大艦巨砲主義の敗北」として有名である。

もっとも、地球連邦軍と相対していたジオン公国軍も、全軍がモビルスーツの将来性を信じ、大艦巨砲主義の時代が終わると思っていたわけではなかった。ジオン軍にしても、将校の多くが旧来の兵器に親しんでおり、その力で出世してきた大砲屋や戦車屋だった。「そんなものはもう古い」と簡単に切り捨てることなどできないし、実際問題として開戦前の時点で何の実績もないモビルスーツの力を信用していない者も多かったようである。

連邦軍の大艦巨砲主義に対し、さらに大き

※ルウム戦役
一年戦争初期に行われた地球連邦軍とジオン公国軍による会戦。サイド5(ルウム)に侵攻したジオン軍を迎え撃つため、地球連邦軍が出撃可能な艦艇を集めて宇宙艦隊を編成。人類史上初の大規模な宇宙艦隊同士の決戦が行われた。ジオン軍はこの決戦にモビルスーツを投入。連邦軍は戦力の80%を失う大打撃を受けた。

な大砲で対抗しようという発想が出るのも、科学技術の一部において連邦軍を凌駕していたジオン公国軍にとっては当然の道理である。そして「敵の大砲が大きいなら、もっと長射程の大砲を作って敵の射程外から一方的に攻撃すればいいのではないか」という、ある種単純明快な理屈で作られたのが、「試作艦隊決戦砲ヨルムンガンド」である。

ヨルムンガンドはメガ粒子砲ではなく、大型核融合炉で発生させたプラズマ流を、**アシストインジェクター**※を持つ全長200メートルの加速器で加速、噴出させる巨大なプラズマビーム砲である。有効射程は300キロメートルだが、これはミノフスキー粒子散布下における観測システムの限界によるもので、実質的な最大射程は300キロをはるかに超えていたと見られる。その威力は一撃でマゼラン級戦艦を粉砕するほどで、プラズマ奔流が付近を通過しただけで、強力な電磁攻撃を受けたのと同じ効果があり、敵艦は行動不能になった。また、分解すれば**パプア級補給艦**※で輸送できるため、様々な場所で展開できるという利点もあった。

このように強力な兵器であるヨルムンガンドであるが、ほとんど忘れられた珍兵器の類として扱われることが多い。

これは実戦の場となったルウム戦役において、端的にいえば派手な宣伝の割に活躍しなかったからであるが、これはそもそもジオン軍の戦略であった。ジオン軍にとってルウム戦役の主力は奇襲的に突撃させる予定のザクⅡであり、一発撃つごとにザク三機分

※**アシストインジェクター**
補助的な噴射装置のこと。ここではプラズマ加速器の部品を指す。

※**パプア級補給艦**
1年戦争時に使用されたジオン公国の宇宙補給艦。2つの艦体を連結させた双胴式の機体が特徴。優れた補給能力があり、片側だけでムサイ1隻分の物資を搭載することができた。

のコストがかかるとされるヨルムンガンドは、その時点ではもはや主力とはみなされていなかったのである。シャア・アズナブルがザクⅡ一機で戦艦5隻を撃沈したことを考えると、この判断は正しかったというほかはない。

つまりヨルムンガンドは情報戦のための囮だったわけだが、そのこと自体が味方にも秘匿されていたため、ヨルムンガンドを試験運用していた第603技術試験隊は自分たちが決戦の主役と信じ、（実際は何も期待されていなかったにもかかわらず）彼らなりに非常に奮戦したことが作中で描かれている。第603技術試験隊は、マゼラン級1隻撃沈の戦果と引き換えに、砲術科の人員の多くが死傷、砲術長アレクサンドロ・ヘンメ大尉も戦死している。

これはあたかも巨砲時代の終わりのごとく捉えられる向きもあるが、実際にはこの後にも世界最大の巨砲である**コロニーレーザー**※が実戦で使用されている。意外にも大砲は息の長い兵器であったのだ。

考察――西暦の超巨砲兵器「V3」

ヨムルンガンドには、非常によく似たコンセプトの実在の兵器がある。

※**コロニーレーザー**　密閉型コロニーを丸々全部レーザー照射装置に改造した超巨大レーザー砲。ア・バオア・クー戦において、連邦艦隊の三割を消滅させ、和平交渉に向かっていたデギン公王を暗殺するのに使われた「ソーラ・レイ」が有名。

それが第二次世界大戦時に開発された、ナチスドイツの巨砲兵器「Ｖ３」である。ただし、Ｖ３はヨルムンガンドのような対艦兵器ではなく、その目標はイギリスの首都ロンドンであった。

●敵国の首都を蹂躙する超兵器

第二次世界大戦も半ば、すでにフランスを占領し、ドーバー海峡を挟んだイギリスと激しい戦いを展開していたナチスドイツの総統ヒトラーは、敵国の首都を蹂躙できる新兵器の登場を熱望していた。そこに、技術者であった**アウグスト・コンダー**※博士が超長距離砲撃可能な特殊な大砲のアイデアを持ち込んできた。

現在に至るまで大砲は、アニメのようなビーム兵器ではなく、すべて実体弾を発射する砲熕兵器であり、１００キロメートルをゆうに超える超長距離砲撃を行なうには相当な困難があった。

大砲とは要するに鉄の筒である砲の底から砲弾を押し込み、次に装薬を砲弾の尻の下に詰めてから底の蓋を閉じて装薬を爆破、砲弾を遠くに飛ばす兵器である。原理上、砲弾の飛距離を伸ばすには装薬の爆発力を大きくする必要があるが、射程を伸ばすためには砲内での爆発を大きくしていけば、いつかは砲自体が弾け飛んでしまう。

そこで考え出されたのが、砲身の両側に爆風を吹き出す薬室を何十基も並べ、砲弾が

※**アウグスト・コンダー**
ドイツの技術者。Ｖ３のほか、ロシェリング砲弾などの設計・開発にも携わる。Ｖ３プロジェクト以降の消息は知られていない。

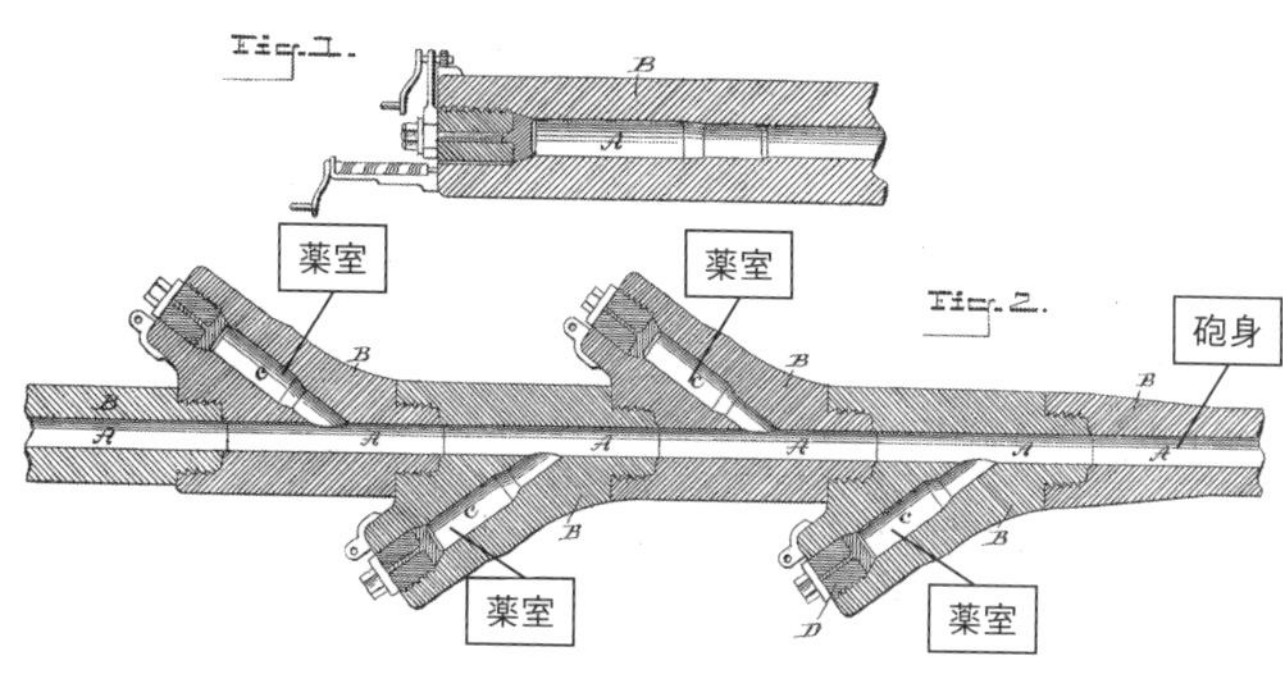

多薬室砲の原理。両サイドの薬室が順番に燃焼することで、砲弾が加速する。

通過する瞬間に至近の薬室に次々点火して爆風を連続的に吹き出させ、砲弾を砲身内で加速させ続けるという方法である。ヨルムンガンドがプラズマ奔流を加速させるのと概ね似た原理だ。

実は、この連続的に爆風を起こして砲弾を加速させるという原理は19世紀には知られていた※。しかし、現実には超高速で砲身内を移動する砲弾に合わせて薬室に点火するのは技術的に困難で、なかなか実用化できなかった。

1942年、コンダー博士はこのムカデ砲「報復兵器第3号」V3計画のゴーサインを総統から取り付けると、実用化のための実験を開始したのであった。

●ロケットに敗れた時代の徒花

スペックだけを見れば、完成時のV3はすさまじい兵器だった。大砲50門を岩盤をくり

※**19世紀には知られていた** 19世紀には実際に研究用の大砲も製作されている。左写真は1883年に製作されたライマン・ハスケル多薬室砲。

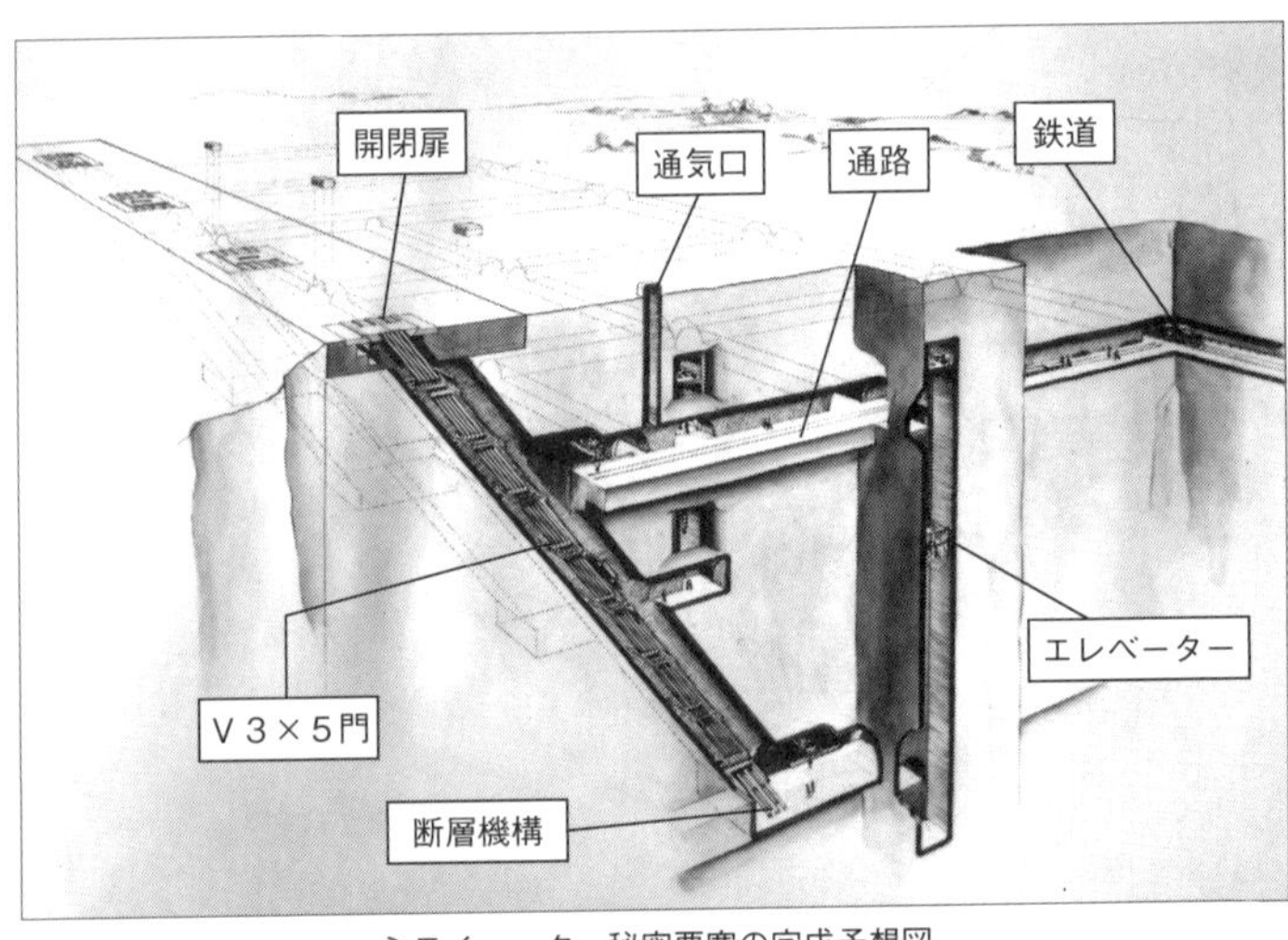

ミモイェークー秘密要塞の完成予想図

ぬいた地下要塞に収め、射程距離は160キロメートル以上、口径15センチの**ロケットアシスト砲弾**※を一方的にロンドンに降らせ続けることができる予定であった。

しかし、結論からいうと、V3は実用化できなかった。やはりその複雑すぎる作動原理からなかなか点火タイミングが合わず、砲弾がうまく飛ばなかったのだ。

また、V3は砲身が長大で移動できないため、たとえ完成しても要塞内から建設時に設定された目標（V3の計画ではロンドン）しか攻撃できなかった。そもそも設置用の巨大要塞を建設するところから始めねばならず、その要塞（占領下フランス

※ロケットアシスト砲弾
捕獲したV３のロケットアシスト砲弾を持つアメリカ兵。完成すればこの砲弾を6秒に1発撃つことができたという。

※V1飛行爆弾
ナチスドイツが開発したパルスジェットエンジン搭載のミサイル。1944年に実戦配備された。200キロを超える航続距離があり、実際にロンドン空爆に使用された。

のミモイェークー要塞）も建設中にイギリス軍に破壊されてしまった。

V3と同時期に開発された**V1飛行爆弾**※や**V2弾道ミサイル**※などのミサイルの発射台が容易に建設、移動可能で、しかもミサイルは好きな目標を狙える上に射程距離も長いことを考えると、この計画は初めから無理があったようである。

やがてフランスが解放されるとロンドンを射程距離に収める地点に発射拠点を作れなくなり、ほとんど何の役にも立たなくなったV3は、忘れられた兵器となっていったのだ。

どんなに強力な兵器でも、同時代にもっと優れた兵器があればすべて無駄である。ヨルムンガンドはモビルスーツ、V3はミサイルに居場所を奪われた。新時代への過渡期で消える宿命にあった、時代の徒花であったのだ。

V3のプロトタイプ。中央のラインが砲身、そこから左右に薬室が伸びる。

※**V2弾道ミサイル**
ナチスドイツが開発したミサイル兵器。時速2900キロで飛行するなど、現代の中距離弾道ミサイルに匹敵する性能があった。

【第一章　宇宙世紀の兵器】

ザンジバル級巡洋艦とダイナソア

04

ジオン艦隊の異端児「ザンジバル級巡洋艦」

ジオン軍の宇宙艦艇には、**チベ級**※、**グワジン級**※、そしてザクの運用でおなじみの**ムサイ級**※などがある。設計段階からモビルスーツの運用能力を盛り込んでいたムサイ級軽巡洋艦を大量に建造したことは、開戦劈頭（へきとう）のジオン軍の大進撃におおいに貢献した。

そうしたジオン軍の宇宙艦艇の中にあって、ひときわ異質な存在なのが、ザンジバル級機動巡洋艦である

ザンジバル級は艦艇というより、西暦時代のスペースシャトルに近い姿をしている。

これは、この艦が大気圏突入能力を持つからであるが、ジオン軍においてこのような艦は他にはない。

※**チベ級**
ジオン公国軍の宇宙重巡洋艦。かつては戦艦として用いられていたが、グワジン級の配備にともない、重巡洋艦に改められた。

※**グワジン級**
ジオン公国軍の大型宇宙戦艦。連装メガ粒子砲主砲など強力な装備を持ち、旗艦として用いられた。

DATA

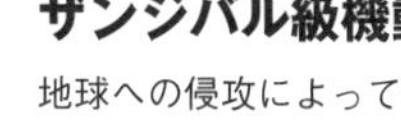

ザンジバル級機動巡洋艦

地球への侵攻によって長大になった補給線を支えるために開発された。ジオン軍の宇宙艦艇で唯一、大気圏内飛行能力を持つ。

【スペック】
全長：255m　全幅：221.8m　全高：70.5m
全備重量：24,000t　推進機関：熱核ジェット/ロケット・エンジン×4　武装：連装メガ粒子砲×1、固定メガ粒子砲×4など

ご存知の通り、ジオン公国は国土のすべてがコロニーと宇宙空間で構成される純粋な宇宙都市国家である。したがって装備する艦艇はコロニーの宇宙港に接舷できる能力があれば十分なはずだ。実際、大気圏突入カプセルである**コムサイ**※や、計画段階では大気圏突入能力を付加する予定だったとされるグワジン以外に、明確に大気圏内飛行能力を持つジオン軍艦艇は存在しない。

　そうした点を鑑みると、ザンジバル級が地球への侵攻を意図して設計されているのは明らかである。実際、ランバ・ラル隊が地球降下の際に使用している。この降下の際、ジオン軍初の、純粋な陸戦用モビルスーツであるグフを搭載していたことでもわかるように、ザンジバル級はモビルスーツ運用能力も持っていた。

※**ムサイ級**
詳しくは68ページ参照。

※**コムサイ**
詳しくは68ページ参照。

非常に大型の艦艇だが、ミノフスキークラフトの技術は使われておらず、**リフティングボディ**※と呼ばれる船体形状を採用し、大気圏内では熱核ロケットエンジンの大出力で船体を推進させ、垂直離着陸までこなしてみせた。

ただし大気圏を脱出して宇宙空間に戻るには、大出力の補助ブースターと加速用レールがなくてはならない。これはすなわち地上設備が必要ということであり、ザンジバルの往還は地上の拠点制圧が大前提であったことがわかる。

ザンジバル級は艦によって武装がまちまちで、メガ粒子砲を搭載しているものや、メガ粒子砲の代わりに**巨大投光器を装備**※している艦もあった。レーダーが使えず有視界戦闘を行なっている最中に、核融合炉の有り余るパワーで大光量を叩きつける巨大投光器は、ただの目くらましとはいえ敵を一時的に戦闘不能にするだけの威力があり、作中でもホワイトベース隊の隙を突いて戦域からの離脱に成功している。

また、ザンジバル級には、艦体の左右に一発ずつJミサイルという巨大なミサイルが搭載されていた。これは対艦攻撃などに使用された模様だが、それにしてはあまりに巨大すぎる。おそらくコロニーや宇宙要塞への攻撃も視野に入れて装備されたものではないだろうか。作中においてシャアに指揮されたザンジバルがワッケイン艦を撃沈するなど、戦闘においても優れた艦だったが、その大気圏突入、離脱能力からジオン軍要人の地球と宇宙の往還に使用されることも多かったようである。

※リフティングボディ
機体全体で揚力を得られるように設計された航空機。詳しくは70ページ。

※巨大投光器を装備
第二次世界大戦時、夜間戦闘において強力な光で敵を照らし、敵の照準をくらませるCDL（「運河防衛灯」という意味。使用目的を隠すための秘匿名称）という特殊戦車が使用されたことがある。左写真はイギリス軍がM3グラントをベースに製造したM3グラントCDL。

考察——冷戦期のアメリカのスペースプレーン計画

現実の世界における宇宙往還機の歴史は古く、第二次世界大戦時のドイツではすでに軍事利用のための研究が行なわれていた。

●ナチスの秘密兵器「銀の鳥」計画

アメリカ軍の大物量に圧迫されていたドイツ軍は、アメリカ本土を爆撃するための画期的な爆撃機のアイデアを探しており、宇宙機の研究をしていた※**オイゲン・ゼンガー**のアイデアに注目する。

それは、流線型の航空機を滑走用レールで加速させて打ち上げ、宇宙空間を超高速で飛行しながら大気圏上層を石で水切りをするように跳ね、アメリカ上空で爆弾を落とした後、地球を

シルバーフォーゲルの想像図（CG制作：筆者）

※オイゲン・ゼンガー
（1905～1964）
ドイツの航空エンジニア。ロケットエンジンについて書いた論文がドイツ航空相に注目され、「シルバーフォーゲル」の開発責任者に抜擢される。戦後は、一時的にフランスで働いたのち、母国に戻り、スペースプレーンの研究を続けた。

ダイナソア計画で使用された「X-20 ダイナソア」のモックアップ

半周して同盟国の日本が支配する南方の島に着陸するという計画だった。

この計画は「シルバーフォーゲル（銀の鳥）」または「ゼンガー※」などと呼ばれている。もっとも、戦争末期には通常の戦闘機の生産にも支障が出るほど追い詰められていたドイツが、このような壮大な兵器システムを作るのは不可能であり、１９４２年には計画が中止されている。実際には机上の研究が少し行なわれただけのようである。

●宇宙往還機の始祖「ダイナソア」計画

戦後になると、１９５０年代の冷戦下のアメリカでも似たようなアイデアの兵器が登場している。当時は宇宙開発時代の初期にあたり、軍事技術として弾道ミサイルが研究されはじめ、人工衛星の打ち上げが計画されはじめたころである。逆にいえば、まだ誰も宇宙に到達していない時期に、ほぼ宇宙空間

※ゼンガー
日本以外では「シルバーフォーゲル」と呼ぶのが普通で、「ゼンガー」という呼称はあまり用いられていないという話もある。

ともいえる高空を目指していたわけである。この計画は最終的に「**ダイナソア**[※]」と呼ばれるようになる。

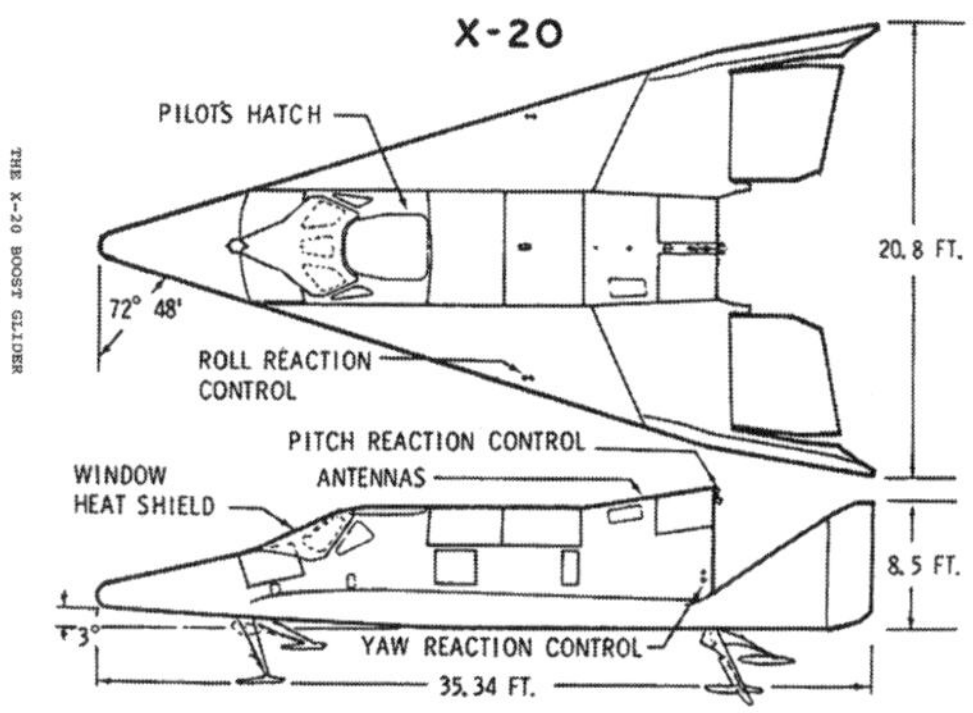

「X-20 ダイナソア」のダイアグラム

その基本的な内容は、高出力のロケットブースターで極超音速グライダーを打ち上げ、大気圏上層部で水切りのように滑空させるという、ゼンガーの計画のアメリカ版ともいえるものであった。

計画では、ダイナソアは大気圏上層を秒速5・5キロメートルというとてつもない速度で飛行できる計算だった。

当時、世界中のどの国もそれほどの速さの物体を迎撃する手段を持っていなかった。完成すれば、偵察や攻撃など自由自在に使うことができる驚異の兵器になるはずだった。

実験段階では、往還機となるX‐20は小型なものを使用した。当時はまだ打ち上げ機、つまりロケットブースターが完成していな

※ダイナソア
ここでの「ダイナソア」は「Dyna-Soar（動的滑空）」のことであり、「恐竜（Dynasoa）」ではない。

打ち上げられるX-20の想像図（左・右）。上昇後はロケットから切り離され、大気圏上層部を小石のように飛び跳ねながら飛翔するという計画だった。

かったからだが、それでも機体は開発が進むにつれて大型化してゆく。完成した弾道ミサイル「**タイタンⅠ**」※「タイタンⅡ」の改造型の打ち上げ機では出力不足となり、さらに大型の「タイタンⅢ」改造型の打ち上げ機が準備されることになった。

しかし、1963年にダイナソア計画は中止される。

一説によると、計画に参加した企業や空軍の間で求める性能や、運用方法などの目的にばらつきがあり、計画を維持する説得力を欠いたことが中止の理由になったという。

何のために実験をするのか、完成したらどういう作戦に使うのか、そもそも偵察機なのか爆撃機なのか……。

※タイタン
1959年から運用が開始されたアメリカの大陸間弾道ミサイル、人工衛星打ち上げミサイル。2005年までに改良を施しながら、約400発が打ち上げられた。左はタイタンⅢD型。

「ダイナソアは○○に役立つので、○○作戦に使います」ということを明確にできなかったため、予算獲得が難しくなったようだ。

計画後期には、**マーキュリー計画**[※]などの他の宇宙船の計画が出現しており、ダイナソア計画に関しては、身内である空軍やNASAからも「金食い虫」など揶揄する声が上がっていた。そういう状況では計画を推進することは不可能だったのだろう。結局、実機を作ることなく、計画はキャンセルされてしまった。

のちに、飛行機型の往還機としてスペースシャトルが誕生するが、これは衛星軌道に帰還用のグライダーを打ち上げるシステムであって、高高度に極超音速機を打ち上げるダイナソアとは目的が異なる。だが、結局金食い虫として計画が終了してしまったのは変わらなかった。

偵察衛星と弾道ミサイルがある現在では、ダイナソアのような機体は要望されていないと思われるが、宇宙空間まで飛行機を打ち上げ、飛行しながら悠々と帰還できる乗り物は将来庶民が宇宙に行く上で必要な足になると予測されており、輸送手段としてのスペースプレーンの研究自体は継続して行なわれている。

※マーキュリー計画
1958年から1963年にかけて行われたアメリカの有人宇宙飛行計画。X-20のモックアップ（38ページ）が作られた1961年には、アラン・シェパード（左写真）を乗せたマーキュリー・レッドストーン3号がアメリカ初の有人宇宙飛行に成功している。

【第一章　宇宙兵器の世紀】

対MS重誘導弾リジーナとソ連のサガーミサイル

05

ザクを撃破する新型ミサイル兵器

ジオン軍のザクが地球に降下してきたとき、連邦軍にはほとんど何も有効な対抗手段はなかった。

ミノフスキー粒子により攻撃機の誘導ミサイルは当たらないし、モビルスーツは動作が素早く柔軟で、砲撃も回避してしまう。ベテラン兵が61式戦車に乗った時だけなんとか対抗できたが、それでもザクを撃破するのは難しかった。

そんな中、この一つ目の巨人を倒す兵器が緊急に必要となった連邦軍は、通常の対戦車ミサイルを対モビルスーツ用に拡大した新型ミサイルを開発する。M－101A3対

DATA

対MS重誘導弾リジーナ

地球連邦軍がジオン軍のモビルスーツに対抗するために開発した歩兵用武器。ジオン軍のザク相手でも、装甲の薄いところに数発まとめて命中させれば撃破することができた。

【スペック】

全長：1570mm　口径：139mm
有効射程：3,500m　最大射程：4,200m

MS重誘導弾〝リジーナ〟である。

リジーナは新兵器であったが、特に目新しい部分があったわけではない。それはまさに、携帯型対戦車ミサイルをやや大型にしただけのものであった。

リジーナは発射機と照準器、ミサイル本体で構成されるミサイル発射システムで、照準器による直接照準、**有線誘導による操作**※で目標まで誘導する。

発射機は2名、ミサイル予備弾は1名で運べるため、一つの分隊は3名ほどで構成され、3、4分隊で一個小隊を構成し、小隊長が全分隊を指揮した。リジーナを装備する兵士を特に「**対MS特技兵**※」という。

その威力は決して高くはなく、装甲の薄い場所を狙って3、4発同時に命中させてやっとザク一機を倒せる程度だった。それでも待

※**有線誘導による操作**
有線誘導なのはミノフスキー粒子散布下においても誘導の精度を下げないためである。

※**対MS特技兵**
特技兵の他に、ミサイルの操作にかかりきりで自衛戦闘ができない特技兵を守る分隊支援機関銃手（M・229機関銃を装備）、分隊長を兼ねる小隊長が分隊に含まれるので、分隊の実際の人員は4名から5名となる。

ち伏せからの奇襲的な同時発射は回避困難で、狡猾なベテラン小隊長に指揮された対MS特技兵はそこそこの戦果を上げることができた。

しかし、結局のところが少数の歩兵部隊であり、発射位置が露見して反撃された場合は全滅することも多かった。対MS特技兵は死傷率が高く、その割に各戦線で必要とされたため、兵員の訓練、育成が間に合わず、訓練期間がどんどん短縮されていった。訓練不足は対MS特技兵の深刻な能力不足を引き起こした。適切な待ち伏せポイントを選定する能力すらなく、発射後の陣地転換に支障があるような移動困難な地形に陣取ってしまい、一発発射した後で反撃をくらい、なす術なく全滅する分隊もあった。

ジム[※]が配備され、ザクがそれほど脅威でなくなってからも、リジーナは配備され続けた。一個小隊すべての装備を合わせてもジム一機よりはるかに安価であり、またジムの戦闘を援護することもできたからである。

考察——NATOを震撼させたサガーミサイル

現実の世界では、地上の装甲目標を撃破するためのミサイルが急速に発達したのは、冷戦時代であった。当時、戦車は陸戦の王者だった。陸戦で勝利するには、戦車を倒す

※**ジム**
地球連邦軍のモビルスーツ。ガンダムの設計をもとに機能や装備のランク落とした量産型。ジオン軍のモビルスーツに勝るとも劣らないスペックを有したが、劇中ではしばしばやられ役を務めた。

兵器が絶対に必要だったのである。

アメリカ軍の対戦車兵器「バズーカM1」

●第二次世界大戦期の対戦車兵器

もともと戦車を倒すのは、戦車や対戦車砲の役目だった。しかし、敵の戦車がくるところに味方の戦車や大砲がいるとは限らない。歩兵の手持ち武器で倒せるなら、それに越したことはなかったのだ。

しかし、装甲の薄い軽戦車ならまだしも、分厚い装甲を持つ重戦車を破壊するのは並大抵のことではない。運ぶのに労力がかかるわりには、小口径の対戦車砲では効果が薄かった。手持ち火器で戦車が撃破できるようになるのは、**成形炸薬弾**※を弾頭に使用した対戦車兵器が誕生してからである。

第二次世界大戦中に使用された対戦車兵器では、アメリカ軍の「**バズーカ**※」やドイツ

※**成形炸薬弾**
詳しくは「ザク・マシンガン」（55ページ）参照。

※**バズーカ**
アメリカ軍が開発した対戦車兵器。米陸軍では「ロケット・ランチャー」と呼んだ。正式化は1942年。コストが安価で少人数（2名）での運用が可能、しかも攻撃力が高いという優れた兵器で、第二世界大戦を通じて約48万基も製造され、戦後には西側諸国に広く供給されている。

ドイツ軍の対戦車兵器「パンツァーファウスト」

軍の「**パンツァーファウスト**」※が有名である。これらは「無反動砲」から成形炸薬弾の弾頭を発射できる武器で、軽くて反動が少ないために手持ち火器として使用できた。だが、その一方で射程が短く、敵戦車を打ち損じれば、戦車砲と機銃の猛反撃を覚悟せねばならない危険な武器でもあった。

●ソビエトが開発した強力対戦車ミサイル

第二次世界大戦後、エレクトロニクス技術が発達すると、１９５０年代にはミサイルは人間が持って運べる大きさにまで小型化される。

このときの小型ミサイルで特に有名なのが、ソ連の**9M14ミサイル**※である。

このミサイルが当時の西側諸国に与えたインパクトはあまりに大きく、そのためかNATOのコードネームである「サガーミサイル」の名称の方がよく知られている。

※**パンツァーファウスト**
第二世界大戦中にドイツが開発した対戦車兵器。1943年の夏から生産された。直径5センチ、長さ1メートル程度の鉄パイプ製の発射筒の先端に成形炸薬弾等が装着されており、パイプ内の黒色火薬に点火することで前に飛ばす仕組みだった。

※**9M14ミサイル**
ミサイル自体が小型なため、ソ連軍内では「マリュートカ（あかちゃん、ちびっ子）」という愛称で呼ばれていた。

サガーミサイルは**照準誘導装置**※とミサイル本体、ミサイル輸送用コンテナ、有線誘導用ワイヤーリールで構成されるミサイルシステムで、輸送コンテナは発射架台としても使用できた※。

ミサイル全長は86センチにすぎず、輸送時にはこれを前後に分割できるため、ひとりで輸送コンテナを背負って移動することもできる。照準器は潜望鏡型照準眼鏡と操作用ジョイスティックで構成されており、架台上に組み立てたミサイルを設置し、15メートルほど離れた場所に誘導装置を設置、目標を照準眼鏡で捉えながらジョイスティックでミサイルを操作し、目標にぶつけるのである。

サガーミサイルの最大射程は3000メートルとされ、数十メートルまで接近する必要があった第二次世界大戦中の対戦車兵器より、ずっと安全に攻撃が行なえた。ただし、目標が近いほどミサイルの飛翔方向のズ

9M14ミサイル〝マリュートカ〟

※サガーミサイルの重量
バージョンによって多少の差はあるが、おおむね10キロ前後だったとされる。左写真は組み立てた照準器とコントローラー。

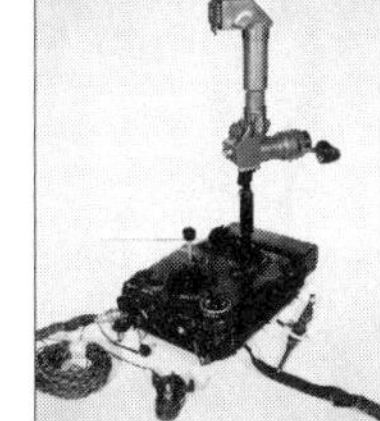

第四次中東戦争で、対戦車兵器によって破壊されたイスラエル軍の戦車

レや間違いの発見、その修正に使える時間が足りなくなり、近いほど当たりにくいという逆転現象が起きてしまった。

●中東戦争で猛威を振るったサガーミサイル

サガーミサイルの実戦での威力は、凄まじいものがあった。

1973年10月6日にはじまった**第四次中東戦争**※の際、アラブ軍など恐るるに足らずと意気高く前進するイスラエル軍戦車部隊の前に現れたのが、このサガーミサイルを装備したアラブ兵だった。

イスラエルは第三次中東戦争において圧勝しており、自軍の攻撃力に絶対の自信を持っていた。アラブ軍は関係の深いソ連から武器を調達しており、サガーミサイルもその一つだった。サガーミサイルの運用もリジーナと同じで、隠れて待ち伏せし、同時に複数で一両の戦車を狙う。その威力は抜群で、

※**第四次中東戦争**
1973年10月に、イスラエルとエジプト、シリアなど中東諸国との間で起きた戦争。6年前の第三次中東戦争で占領された領土を取り戻すために軍事行動に出たエジプト、シリアがイスラエルを攻撃。序盤はサガーミサイルなど新兵器の影響もあり、イスラエル軍は劣勢だったが徐々に盛り返し、約2週間後に有利な状態で停戦を結んでいる。

800両以上のイスラエル軍の装甲車両がサガーミサイルによって撃破されたという。

イスラエル軍はサガーミサイルに対処するため、ミサイル発射点付近をめちゃくちゃに撃ちまくった。たとえ誘導員を倒せなくても、ミサイルの操作の邪魔をしたり、砂煙を立てて照準を阻もうとしたのだ。

サガーをはじめとする誘導ミサイルの出現は、戦車の戦術から設計にまで影響を与え、イスラエルの戦車は後に執拗な**成形炸薬弾対策**※を施すようになる。戦車の設計も装甲の厚さより機動力を重視するようになり、防御力自体は第二次世界大戦時よりも低下した機種もあった。その代わりに発達したのが、回避機動をしながらでも正確に敵を狙える砲安定装置と火器管制装置である。

しかし、装備がハイテク化したことによって、戦車の価格は高騰。そもそも歩兵の誘導ミサイルで簡単にやられるなら戦車は不要ではないか、という「戦車不要論」も持ち上がり、以後、「戦車不要論」と「戦車有用論」は時代を超えて対立を続けた。

ウクライナ戦争において、対戦車ミサイルジャベリンの威力が再認識された一方、戦車の攻撃力、突破力もやはり再評価され、ウクライナのゼレンスキー大統領が西側からの武器支援として戦車を要求したのは記憶に新しい。

リジーナは対ザク用に応急的に作られた兵器だが、その背景には西暦から続くミサイルと装甲兵器の長い戦いの歴史があるのだ。

※成形炸薬弾対策
二重装甲や鎖で覆われたメルカバ主力戦車が有名である。

【第一章　宇宙世紀の兵器】

ザク・マシンガンと西暦の銃器

06

かつてない戦術的な柔軟性を持つ巨大銃器

Ｍ‐120Ａ1は口径120ミリのモビルスーツ用マシンガンであり、一般に「**ザク・マシンガン**[※]」と呼ばれている。厳密にいうならザクⅡの専用武器ではなく、ザクⅠやグフ、ツイマット社のヅダやドムでも（マニピュレーターの形状により、多少の改造が必要な場合もあれ）、使いこなすことができた。これは運用の柔軟性が売りのモビルスーツという兵器ならではのことで、無用に多種多様な装備の補給が必要になるのを防ぎ、兵站の負担を軽くできた。

もともとザクは宇宙兵器であり、その目標は連邦軍の宇宙戦艦や宇宙戦闘機である。高速で多方向に柔軟に攻撃でき、場合によってはキックやパンチで宇宙戦闘機を撃墜で

※**ザク・マシンガン**
改良型のMMP‐78などもザク・マシンガンに含まれる。

DATA

ザク・マシンガン（M-120A1）

ジオン軍のモビルスーツ、ザクⅡのメイン装備。120mmという現代の戦車砲なみの口径を持ち、強力な弾丸を連射することができる。地球連邦軍のM61戦車などを相手に猛威を振るったが、ガンダムにはほとんどダメージを与えられなかった。

きるザクは、ミノフスキー粒子散布下では圧倒的に優勢であり、そのことはルウム戦役でも実証済みだ。

人型兵器であるモビルスーツに、銃器やバズーカなど人間用の兵器の拡大版を持たせるのは、素早い兵器の選択、交換や、場合によっては戦闘中に損傷した僚機からの武器の受け渡しさえも可能にする。※その圧倒的な柔軟性、すなわち戦術の選択肢の幅は、硬直化し大艦巨砲主義に陥っていた連邦軍の艦隊には到底対応することはできなかった。極端な話、ザク・マシンガンは弾薬が切れても肩当ての底で敵兵器を殴りつけて攻撃することすら可能で、このような兵器は人類史上例がなかった。

機体組み付けのメガ粒子砲と異なり、ザク・マシンガンは単体の兵器システムとして

※僚機からの武器の受け渡しさえも可能にする
通常兵器ならば、一度工場に戻らなければ不可能だろう。

独立しており、発射は**引き金をモビルスーツの指で引く**[※]ことによって機械的になされる。このおかげで、手さえついていればどのモビルスーツでも使えるという柔軟性が手に入ったのである。機体側にモノアイという高度な複合センサーシステムが付いているのに、銃側に別個にスコープがついているのも、おそらくは同じ理由と思われる。

ザクに搭乗する兵は、ザク・マシンガンを**「ライフル」**[※]と呼んでいた。たしかにザク・マシンガンは、ザクを歩兵と見立てれば、むしろアサルトライフルに近い兵器である。ザク・マシンガンを携えて迫ってくるザクは、身長18メートルの巨大な突撃隊員であり、これにかなう連邦軍兵器は、一年戦争初期には存在しなかったのである。

考察――西暦の銃器との比較

銃の起源ははっきりしないが、西暦の半ばごろにはそれらしいものが登場している。銃とは火薬を詰めた筒の中に弾を込め、火薬を爆発させることで弾を高速で吹き飛ばして敵を攻撃する武器である。離れた位置にいる敵を攻撃する、それまでの代表的な武器は弓矢であったが、鉄砲の弾は弓矢よりはるかに速く、命中した際の破壊力も大きい。

※**引き金をモビルスーツの指で引く**
機体本体のコンピュータとの接続が必要という別の設定もあるようだ。

※**ライフル**
RX-78ガンダムに最初に遭遇したジオン兵が「ライフルをまったく受け付けません！」と報告したのち、戦死したことは有名である。

ボルトアクションライフル

●西暦時代における銃の進化

初期の銃は文字通り銃身に火薬を詰め、弾を込め、**火薬に点火するための火種**[※]を消えないように管理しなければならず、連射もできなかった。しかし、やがて機械の技術や金属加工の技術が発展、銃弾と火薬を詰めた薬莢を一体化した銃弾の発明によって、より簡単に素早く次弾を装填できる銃が発明される。

ボルトアクション方式のライフルがその一例で、一発撃つたびに手動でレバーを引いて空の薬莢を捨て、そのままレバーを戻すことで次弾を装填しつつ、その一連の動作によって撃発を行なう撃針のバネにテンションをかけた状態にする。

やがて、その手で行なっていた動作を、発射時のガス圧で自動的に行なうようにするセミ・オートマチックライフルが誕生する。これによって敵を狙い続けながら引き金を引け

※**火薬に点火するための火種**　火縄銃なら火縄が火種にあたる。

現代のアサルトライフルのもとになったドイツのStG44（※）。

るようになり、命中精度と速射性を両立させた。

それをさらに進めて、引き金を引いている間は発射と再装填を繰り返すオートマチックライフルも現れる。これを機動的な突撃に使いやすいように、銃の全長を縮め弾薬を軽量にして携行しやすくしたものがアサルトライフルである。ちなみに、さらに小型軽量で拳銃用の弾を使う近距離用のものを、サブマシンガンという。

●ザクマシンガンを現実に作るとしたら…

人間用の機関銃を単純に巨大化しただけにも思えるザク・マシンガンであるが、実際に作るとなれば単純にはいかない。

口でいうだけなら単純なアサルトライフルの作動原理であるが、発射ガスの圧力を導くガスシリンダーや、その圧力で駆動するボルト、それと噛み合うバネやピンなどの細

※StG44　第二次世界大戦中のドイツで製造された軍用銃。短機関銃のような連射性能、小銃のような狙撃性能を合わせ持っていた。「StG」はドイツ語で突撃銃の意味だったため、英語圏では同種の銃を「アサルト（突撃）ライフル」と呼ぶようになった。

着弾して爆発する成形炸薬弾

かい部品は、耐熱性や硬度、耐摩耗性、弾性などが高度な計算のもと設計されている。パーツ精度も単純にぴったり作るのではなく、砂埃を噛んでも動作するようにわずかに遊びを入れてある。これを単純に巨大化すれば、たわみや熱変形が大きくなり、バネの弾性も最適とは程遠くなるため、まともに動作しなくなることだろう。設定ではザク・マシンガンも、完成までに※**かなりの試行錯誤**があったという。

また弾丸も重要な要素である。口径120ミリという と主力戦車の主砲と同等の大きさである。戦車の砲弾には大きく分けて3つある。装甲を撃ち抜く徹甲弾、爆発して破片を飛ばし、周辺を広く加害する榴弾、広範囲の軟目標を一挙に倒す散弾である。徹甲弾はさらに硬い弾芯を軽金属で包んだAPC（APDS）、弾芯自体を高速で飛ばすAPFSDS（装弾筒付翼安定徹甲弾）、成形炸薬弾などに分けられる。

成形炸薬弾とは弾頭内部の炸薬の先端をくぼませ、

※**かなりの試行錯誤**
マガジンにしても電動式ドラムマガジン、パンマガジンなど複数の設定が混在している。

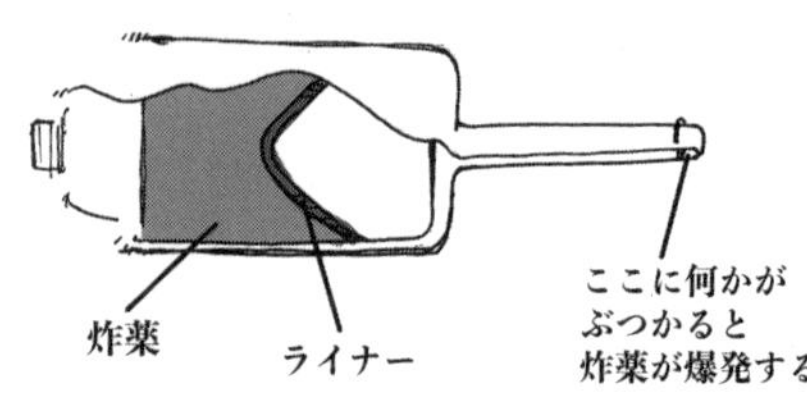

成形炸薬弾の仕組み

そこに金属の内張（ライナー）を貼ることで、爆発エネルギーが中心に集中し、結果、超高圧でライナーが絞り出されて針状ジェット噴流となり装甲に穴を開ける砲弾である。成形炸薬弾は爆発によって装甲貫徹力を得るため、榴弾としての効果も持たせることができ、その場合は多目的榴弾とも呼ばれる。

ＡＰＦＳＤＳはガンダム世界においても戦車に広く使われている。タングステンや劣化ウランなどの硬い金属を矢の形にして、固定用の器具（装弾筒）で薬莢に固定したもので、発射すると装弾筒は四散し、矢の部分（侵徹体）だけが高速で飛んでいく。ライフル砲のように回転によって砲弾を安定させると、細長い矢は命中して先端が目標に食い込んだ瞬間に自分自身の回転でねじ切れてしまう可能性があり、また回転でブレてかえって安定しないため回転はさせず、安定翼を取り付けてある。当然ながら空気のない宇宙空間では安定翼は使えない。

ザク・マシンガンは宇宙空間でも使えることが前提であるため、ライフル砲となっている。ただしライフルでは弾丸が回転することによって成形炸薬弾の威力が落ちてしまうため、**回転を抑える工夫**[※]がされているのかもしれない。

※**回転を抑える工夫**
ライフリングに空転する環を噛ませて成形炸薬弾が回転するのを防ぐ砲弾は１９６０年代には実用化している。

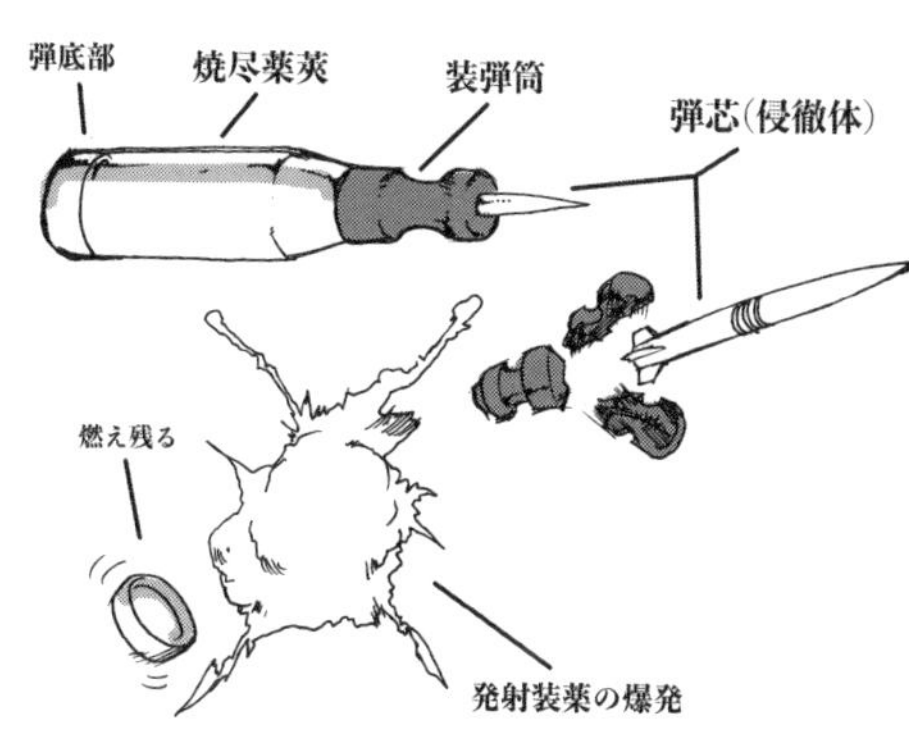

APFSDSの仕組み

21世紀のアメリカの戦車の場合、遭遇する敵が装甲目標か軟目標かわからない場合、とりあえず両方にそこそこ対応できる多目的榴弾を込めておいた。ザク・マシンガンは作品中でも「ガンダムの装甲が撃ち抜けない」「同じジオン軍の兵器であるヒルドルブの装甲もよほど接近しないと撃ち抜けない」など装甲貫徹力の低さが見られるが、おそらくは成形炸薬弾対策がされた相手に多目的榴弾を撃ち込んだのが原因ではないだろうか。

現実にザク・マシンガンを作るとなると、人間用のアサルトライフルより、戦車砲や護衛艦の速射砲の方が参考になると思われる。

そうなると外観はもはや現実の銃器とは似ても似つかぬものになる可能性があるが、ザク・マシンガンはあくまでアニメの小道具である。理屈では正しくても何なのかわからないデザインの武器をロボットに突きつけられるほうが、演出としては現実的ではないといえるだろう。

【第一章　宇宙世紀の兵器】

61式戦車と試作戦車VT1

07

地球連邦軍が誇る連装砲塔の主力戦車

宇宙世紀において、陸戦の王者として君臨しているのは、モビルスーツである。

もともと宇宙兵器だったモビルスーツだが、その最初の成功作であるザクⅡもコロニー内への侵入が想定されており、地球侵攻作戦が実行されるに伴い、ザクⅡの陸戦タイプ、すなわち**ザクⅡJ型**※が生産配備されている。

しかし、モビルスーツ誕生以前は、陸戦の王者といえば、紛れもなく戦車であった。こと支配地域の大部分が地上であり、モビルスーツの実用化がジオン公国よりも遅れていた地球連邦軍にとっては、戦車は陸戦に欠かせない重要な兵器で、モビルスーツと戦える数少ない戦力の一つであった。

※**ザクⅡJ型**
宇宙兵器であるF型から、地上では不要な姿勢制御用スラスターと推進剤を取り除いたタイプ。外見はほとんどF型と変わらないが、特徴的な脚部ミサイルポッドを装備していることが多い。

DATA

61式戦車

150mm 滑腔砲の連装砲塔が特徴の地球連邦軍の主力戦車。『機動戦士ガンダム MS IGLOO』第２話では「61」を「ろくいち」と発音している。

【スペック】

全長：11.6m　車体長 9.2m　全幅：4.9m
全高：3.9m　懸架方式：トーションバー式
速度：90km/h　主砲：連装式155mm 滑腔砲
副武装：13.2mm 重機関銃他　人員：２名

一年戦争開戦前後の頃、地球連邦軍が装備していた主力戦車は「61式」である。

一口に61式といっても、宇宙世紀００６１年に採用されてから運用年数が長いため、様々なバリエーションのものが登場している。その特徴を簡単にまとめられるものではないが、共通する特徴としては、２人もしくは３人という少人数での運用が可能であること、そして武装面でいえば、１５０ミリないし１５５ミリの※**滑腔砲**を２門、連装砲として装備していることだろう。

※**ハーマン・ヤンデル中尉**のように七機ものザクを撃破した戦車兵もおり、乗員の技量によっては頼もしい戦力となった。

ヤンデル中尉は訓練の模擬戦闘において、連装砲の一斉射で二両の仮想敵を同時に撃破したほどの驚異的な腕を持つ戦車兵で、白く

※**滑腔砲**
砲身の内部に弾丸を回転させる溝（ライフリング）がない砲。装薬の爆発エネルギーを回転で消費することがないため、ライフル砲よりも弾丸の貫通力が高い。

※**ハーマン・ヤンデル中尉**
「機動戦士ガンダム　MS IGLOO２ 重力戦線」第２話「陸の王者、前へ！」に登場。61式での戦闘中に「白き鬼ホワイトオーガー」に重傷を負わされるも、帰郷するはずの故郷が壊滅しており、白き鬼への恐怖と怨念から白き鬼を倒せば人生を取り戻すことができるという妄執に囚われた人物。

塗装されたザク、通称「白き鬼」を倒した逸話は有名である。その際も61式の打撃力と戦車ゆえの車高の低さは大きな武器になった。

61式は主力戦車としては進化の最終段階ともいえるほど完成された兵器であり、155ミリ滑腔砲から発射されるAPFSDS（装弾筒付翼安定徹甲弾）は、ザクの装甲をも貫通する威力があり、設計当時想定された衛星通信によるデータリンクとレーダーが使えれば、数の差もあり、ザクと互角に戦えた可能性もある。

考察――現実の主力戦車で連装砲塔はなぜないか？

劇中世界の〝最後の主力戦車〟と表現してもいい61式戦車だが、その基本構造は冷戦期から現代にかけての主力戦車を参考にしていると思われる。

もっとも、緻密な設定は後年の後付けであり、初代「機動戦士ガンダム」に登場した際は、単なる〝やられメカ〟の域を出るものではなく、特徴的な連装砲塔も深い考察と設定があったわけではなさそうである。

現用戦車のイメージを重ね合わせて設定が一新されたのは、OVA『**機動戦士ガンダム MS IGLOO2 重力戦線**』[※]登場時からだ。だが、現用戦車を思わせるリアル

※『機動戦士ガンダム MS IGLOO 2 重力戦線』2008年発売のオリジナルビデオ作品。地球連

なディテールとマンガ的な外見に若干の齟齬が見られる。
まずは戦車の歴史を振り返りながら、その辺りの齟齬と現実を紐解いてみよう。

1916年9月15日のソンムの戦いに投入されたイギリス軍のマークⅠ戦車

●戦車の誕生と進化

戦車は膠着した塹壕戦を打破するために、第一次世界大戦時にイギリス軍が開発した塹壕突破兵器である。

当初、戦車はイギリス軍にしかなかったが、第一次世界大戦後期には**ドイツなども戦場に投入**※するようになったため、対戦車戦の研究が始まる。

第二次世界大戦の頃には各国が競うようにして戦車を開発。設計段階から戦車対戦車の戦いを想定して、砲を大型化したり、装甲を厚くするようになっていった。

戦後の冷戦期に、戦車における大きな変化が生じる。重戦車の攻撃力と快速戦車の機動

邦軍の第44機械化混成連隊の死闘を描く、フル3DCG作品。「あの死神を撃て！」「陸の王者、前へ！」「オデッサ、鉄の嵐！」の3話からなる。

※ドイツなども戦場に投入
1917年にはフランスがルノーFT-17軽戦車を、1918年にはドイツがA7Vを投入している。左はドイツのA7V。

力を持ち合わせた「主力戦車」の誕生である。この頃から砲や装甲に留まらず、エレクトロニクスによる強化が行なわれ始めた。

その代表的なものが、砲撃の自動照準化である。

戦車の照準は、照準眼鏡を覗いて十字マークの真ん中に敵を捉えて撃発レバーを引けば砲弾が当たる、という単純なものではない。

銃による狙撃においても同じことがいえるが、砲弾は山なりの軌道を描いて飛ぶため、単純に遠くの敵をまっすぐ狙って撃っても、届かずに手前に着弾してしまう。命中させるには、まず敵との距離を測り、砲弾がその距離を飛べるだけの仰角（上むきの角度）を砲につけなければならない。また、敵が動いている場合は、何秒で着弾するかを計測したうえで、相手の未来位置を予測して発射しなければならない。

第二次世界大戦の頃までは、光学機器と暗算、そして勘を頼りに戦車戦を行なっていた。当然、そうした原始的な方法では砲撃の命中率は期待できない。とくに自軍と目標が同時に動いているような場合は、ほとんど命中させるのは不可能だった。

その後、エレクトロニクスの進化で、距離の測定は**ステレオ式測距儀**※で行なうようになり、やがてレーザー測距儀に変わった。仰角も自動でコンピューターによって計算され、砲のたわみや気象条件などもセンサーが感知し、それらを加味してコンピューターが計算するようになる。大戦期の戦車と現代の戦車のもっとも大きな違いは、砲でも装

※ステレオ式測距儀　横長の筒の端に穴が開いており、中に対物レンズが入っている。接眼レンズから覗いて左右の画像を重ね合わせることで距離を測ることができる。

甲でもなく、コンピューターによる照準補正といえるのだ。

『MSイグルー2　重力戦線』劇中、ヤンデル中尉は目視と勘による砲撃で模擬戦の相手を二両同時に倒している。ヤンデルは怨念と恐怖から戦争の鬼と化しているという設定であり、これにどこまでコンピューターの補正が効いていたのかはわからない。

陸上自衛隊の10式戦車の主砲も120ミリ滑腔砲である（© 陸上自衛隊）

●61式最大の特徴である連装砲塔

現代の戦車と61式を比べたとき、一番に目に留まるのが主力武装である「155ミリまたは150ミリ連装砲」であろう。

現代の西側諸国の主力戦車は120ミリ滑腔砲を装備しているのが普通だ。※これはNATO（北大西洋条約機構）軍の装備の補給を共有できるように規格を統一したためで、基本はドイツのラインメタル社製120ミリ滑腔砲で、対戦車用の徹甲弾にはAPFS

※標準装備の主砲
イギリス軍の主力戦車は主砲に55口径120ミリライフル砲を装備するなど我が道を貫いていたが、主力戦車のチャレンジャー2がチャレンジャー3に改修されるに伴い、主砲はNATO規格の120ミリ滑空砲に置き換えられた。

DS（装弾筒付翼安定徹甲弾）を使用している。

これは硬度の高い重金属の矢を目標の装甲に叩きつける砲弾で、現実に存在する劣化ウランを使用した対戦車徹甲弾だと、厚さ70センチ〜1メートルの鋼板を貫通する威力があるとされる。砲弾が重く、飛翔速度が速いほど威力は高くなるので、61式戦車のような155ミリ戦車砲があれば、その威力はかなりのものになるだろう。

問題は61式の連装砲塔である。主砲が二門あると攻撃力が上がりそうに見える。しかし、現実を見てみると、日本の10式戦車、アメリカのM1エイブラムス、イギリスのチャレンジャー3、イスラエルのメルカバなど、現代の主力戦車はすべて単装砲塔である。過去を見ても61式のような複数の戦車砲を持つ主力戦車が実戦配備された例はない※。

ただ、試作車に限ってみると、過去に戦車砲を連装式で装備した主力戦車もあった。それが1970年代に開発された、西ドイツ軍の試作主力戦車「VT1」である。

●ドイツが研究した幻の連装砲塔主力戦車

VT1はそれまでの主力戦車とは違う奇妙な形をしている。戦車には付物の砲塔がなく、二門の戦車砲が直に車体にとりつけられている。

これは敵の砲弾に当たらないよう、できるだけ車体の全高を低く設計した結果で、砲を二門搭載したのも、回転する砲塔がない不利と命中率を補うための工夫だった。

※複数の戦車砲を持つ主力戦車が実戦配備された例はない
主力戦車ではないが、大砲を複数持つ戦車自体は多く存在する。アメリカのM3リー、ソビエトのT-35(左)、フランスのB1bis等の他、試作で終わった日本のオイ車など配備されなかった物まで含むと数多い。これらは大口径の榴弾砲と高初速の小口径対戦車

コブレンツ国防技術博物館に展示されたVT1

ＶＴ１は見た目は奇妙だったが、当時最新の射撃統制装置が装備されていた。照準器で目標を捉えて発射スイッチを押せば、ジグザグに敵弾を避けながら移動していても、敵に命中する方向に砲口が向いた瞬間に自動的に砲弾を発射できた。いわば通常の主力戦車が砲塔でやることを、車体全体でやっていたわけである。

だが、その動きにはさすがに無理があり、ＶＴ１は採用されることはなかった。

●連装砲塔が採用されない理由

ＶＴ１の開発から半世紀近くが経つが、その後、連装砲塔を持つ主力戦車は誕生していない。現実の戦車が連装砲を採用しない理由はいくつかある。

まずは重量の問題だ。戦車は機動性をある程度確保しなければならない。重い主砲を二門も積めば、重量オーバーになって動きが悪

砲を撃ち分けたり、陸上戦艦として複数の目標を同時に砲撃することを狙った物だが、いずれにせよ戦車開発初期の試行錯誤の産物であった。

評価試験を受けるVT1

くなってしまう。また、大砲はそれ単体で動くわけではなく、安定装置や自動装てん装置など周辺機器が不可欠だ。それらを二門分積むことになると、ただでさえ狭いスペースを圧迫してしまう。そもそも、戦車砲は1発当てるだけで敵に大打撃を与えられる。2発同時に打つ必要性は少ないのだ。

これは歩兵の銃に置き換えると分かりやすいかもしれない。歩兵の小銃を二連装にすると、重量は重くなるし、1発で倒せる相手にわざわざ2発も撃つことになるので、弾薬の消費量も倍になる。手間の割りに、あまり意味がないのだ※。

『MSイグルー2　重力戦争』でヤンデル中尉が見せた、一度に別々の目標を撃破する砲撃はきわめて特異なものであり、現実的には連装砲塔であっても別々の異なる目標を同時に攻撃

※**あまり意味がない**
主力戦車ではないが、航空機などの脅威に対抗する対空戦車の中には、連装砲を持つ戦車（自走砲）もいる。たとえば、第二次世界大戦でドイツ軍が運用したヴィルヴェルヴィント対空戦車（左）はその典型である。ヴィルヴェルヴィント対空戦車は四連装の

することは難しい。**2発撃ってもひとつの目標しか狙えない**※のである。

部隊単位では複数の戦車を同時に運用することが多い。もし、ひとつの目標に2発当てたいのなら、2両が同時に撃てばいい。そうでなければ、別々の目標を割り振ればいいので、わざわざ連装砲塔にする意味はまったくない、ということになる。

戦艦が三連装砲塔などを持っているのは、あくまで非常に遠く（数十キロ先）の、命中が困難な目標にそれぞれ別の山なりの軌道を設定した着弾観測用の砲弾を発射し、飛距離に変化をつけて落下させ、観測精度をあげて命中率を少しでも高めるのが目的だ（それでも命中率は非常に低かった）。戦車とは事情が異なるのである。

61式はミノフスキー粒子がなければ、高度なレーダーと戦術ネットワークによって、まるで精密な時計のように的確に目標を撃破して行なったに違いない。しかし、繰り返しになるが、その場合の主砲はひとつあれば十分なのだ。

こういっては身もふたもないが、61式はあくまで動画映えを狙って、見た目をやや派手にしたアニメのやられメカであって、その劇中設定とは異なり、未来の戦車の姿を示したものではなさそう、というのが現実である。

機銃を持つが、これは空を高速で飛ぶ敵機に弾丸を当てるために一度に多くの弾薬をばらまくためのもの。主力戦車の主砲とは発想が違っている。

※2発撃ってもひとつの目標しか狙えない
そもそも、主砲が二門あったら、どちらの砲の照準を合わせるのか、という問題もある。

【第一章　宇宙世紀の兵器】

コムサイと宇宙往還機X-24

08

ジオン軍版のスペースシャトル「コムサイ」

連邦軍のホワイトベースはモビルスーツを搭載したまま大気圏突入、離脱が可能で宇宙艦艇として画期的な性能を持っていた。これは当時の最先端技術であるミノフスキークラフトを実用化していたからで、そうした艦艇やモビルアーマーはまだ少数だった。

ジオン軍の主力艦艇であるムサイ級軽巡洋艦は、設計段階からモビルスーツ運用能力を盛り込んだ先進的な艦だった。しかし、モビルスーツ運用能力を獲得した最初期の艦ゆえに運用思想に未成熟なところがあった。たとえば、ムサイ級にはカタパルトが設けられていなかった。そのため、艦から放出されたモビルスーツは自力で加速しなければならず、緊急展開に課題があった。[※]

※**緊急展開に課題**
緊急展開の課題は、後期生産型ムサイで改善されている。

DATA

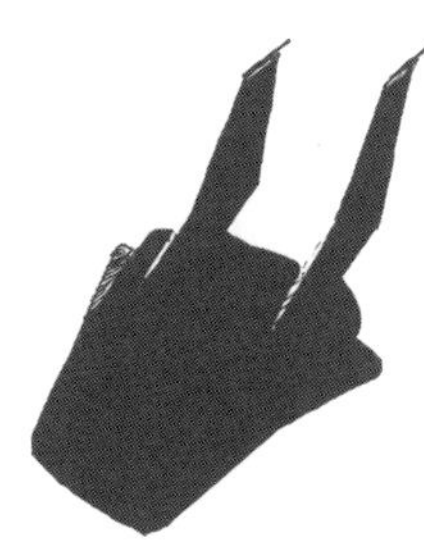

コムサイ

ムサイ級軽巡洋艦の艦首に搭載されている大気圏突入カプセル。モビルスーツ二機の輸送が可能で、大気圏内でも優れた運動性能を発揮した。

【スペック】
全高：26.4m　全長：37.4m　全幅：29.4m
全備重量：46.6t　推進機関：熱核ロケット・エンジン×2　最高速度：マッハ0.71
武装：バルカン砲×2

ムサイは、モビルスーツの長距離展開や大気圏突入用に、コムサイという専用のシャトルを搭載していた。ＨＬＶと異なり、一度に多量の物資やモビルスーツを積めないコムサイは本格的な大量降下作戦には不向きだったが、大気圏突入カプセルとしての能力は高く、単体のスペースシャトルとして頻繁に利用された。たとえば第６０３技術試験隊の母艦であるヨーツンヘイムに搭載されていたコムサイは、試作モビルタンク「**YMT・05ヒルドルブ**」[※]の地上への輸送に成功している。

コムサイはその見た目に反して大気圏内での運動性が良く、戦闘機のように機動して機銃で目標を攻撃することもできた。ただし、あくまで大気圏突入カプセルであり、滞空時間に制限があり、また大気圏から離脱するには加速用の滑走レールや打ち上げ用のブース

※**YMT・05ヒルドルブ**　モビルタンクという独特のカテゴリーに分類される機動兵器。巨大な対戦車自走砲のようなタンク形態から、上半身が柔軟に動くモビルスーツ状形態へ変形する機構を持つ。時速110キロで走行し、巨大な30センチ砲で遠距離からモビルスーツを一撃で撃破する攻撃力がある。

ターが必要になるなどの制約もあった。

コムサイは宇宙と地上との往還に頻繁に使用されたが、大気圏突入後は航空機のように機動できる、つまりスペースプレーンの一種であり、ザンジバル級機動巡洋艦もそうであるように大気圏内での行動に融通が利いたことは大きな利点であった。

考察――アメリカの宇宙往還機開発計画

このようなスペースプレーン、特にコムサイのように地球降下を主眼とした機体の開発は１９６０～70年代にかけてアメリカで実際に行なわれていた。

●マーチンマリエッタＸ‐23

これはＮＡＳＡと空軍共同によるマーチンマリエッタＸ‐23、Ｘ‐24と呼ばれる宇宙往還機の試作機である。基本構造はコムサイに似ていて、胴体の形状自体が揚力を生み出すリフティングボディ機であり、軌道速度から減速して大気圏に突入、大気の断熱圧縮による加熱に耐えながらさらに減速し、地上の基地に着陸することが目標であった。

Ｘ‐23[※]は有人機を作る前の模型のようなものであり、全長２メートルしかない小型機

※**Ｘ‐23**　１９６４年から始まったアメリカ軍の宇宙船開発計画のために作られたリフティングボディ試験機。機体はチタンやアルミ合金などでできており、先端に炭素繊維が用いられていた。全部で四機製作され、三機が66年から67年にかけて打ち上げられた。

で、当然人間は乗れない。これはロケットで打ち上げて加速させ、実際に大気圏突入させて強度や耐熱性を確認するための機体だった。詳細は不明だが機体表面に**アブレータ**※が貼り付けられていたらしい。アブレータは先に燃えて気化することで機体本体が高温になるのを防ぐ耐熱素材で、ロケットの再突入カプセルが黒焦げなのに内部は無傷なのもこのアブレータのおかげである。

X-23はパラシュート不調による二度の失敗の後、三度目の試験でようやく成功した。

X-24A

●マーチンマリエッタX-24

X-24※は改修前と改修後でA型とB型に別れる。X-24Aはジャガイモのような丸みを帯びた機体にコムサイのような大型の垂直尾翼がついた、奇妙な姿をしている。

見た目は不恰好だが、自力で加速できるよう強力なロケットエンジンを搭載しており、

※**アブレータ**
炭素繊維などを材料とする繊維強化プラスチック製耐熱材。

※**X-24**
リフティングボディを実証するための有人実験機。1969年に初飛行。後に改良型のX-24Bが製作され、74年10月には最高速度マッハ1.76（時速1873キロ）を記録した。

M2-F3

B－52爆撃機改造の母機NB－52Bに搭載され高度1万3720メートルまで運ばれ投下、ロケットエンジンに点火し加速しながら上昇し高高度に到達した。最大速度はマッハ1・15だったという。

もっともX－24Aは速度記録用の機体ではない。X－24は宇宙から帰還したスペースプレーンが、無事に滑走路に着陸できるかを試験するための機体である。重要なのは大気圏突入に耐えられる形状と揚力と操縦性を全て兼ね備えているか否かであった。

●その他のスペースプレーン計画

この時代、他にも同様の実験機は存在していて、NASAの実験機※**ノースロップM2－F3**が有名である。全体の構造はX－24に近いが、平面が多く、ぱっと見の印象はこちらのほうがコムサイに似ているかもしれない。M2－F3はいわば3回目の改修バー

※**ノースロップM2－F3**　ノースロップ社が研究開発したリフティングボディの実験機。実験に失敗して大破したM2－F2を改修して製造。1970年に初飛行し、72年に退役した。

ジョンであり、改修前のM2 - F2が着陸時の事故で大破したことから操縦性が大幅に改善。M2 - F3は数々の試験を乗り越え、引退後は博物館に寄贈されている。

X-24B

X - 24Aの方は順調に飛行試験を重ねたが、試験中にもっと高性能になりうる機体形状が研究によって導き出されており、リフティングボディとスペースプレーンの実現に熱心だったNASAと空軍により、X - 24は根本的な大改造を受けることになる。

新たにX - 24Bとなった機体は、それまでのジャガイモのような機体ではなく、先の尖った膨らんだ三角形の形をしていた。これはより高速飛行時でのリフティングボディ機の特性を研究するための改修であった。

ただし、その頃にはスペースシャトルの開発計画がスタートしており、リフティングボディによるスペースプレーンの研究は徐々に予算獲得における説得力を失っていく。X -

909日間のミッションを終え、2022年11月に帰還したX-37B

24Bは順調に試験飛行を繰り返していたのだが、結局、計画は終了してしまう。

ただし、スペースプレーンの研究自体は地道に続いた。「再利用による打ち上げ予算の大幅節約」を謳ったスペースシャトルが、実際には再使用のための整備に莫大な費用が必要で、一度で使い捨てする宇宙船より**金食い虫**※であったことが判明すると、1990年代以降に金のかからない宇宙往還機、および大気圏突入カプセルの実験機としてX‐33、X‐34、**X‐37**※、X‐38、X‐40などが次々にテストされた。結局、これらの中から実用機になったものはないが、そうした地道な実験がガンダム世界における宇宙往還機の発想の源となったのである。

往還型のスペースプレーンは少なくとも理屈の上では優れた輸送システムである。今後も研究が続けられるであろうし、いずれは実用化されるかもしれない。

※**金食い虫**
2011年までにかかったスペースシャトル計画の費用は、約1960億ドル（インフレ調整後、日本円にして約25兆円）。1回辺りの打ち上げ費用として、14・3億ドル（日本円にして約1600億円）がかかった計算になる。

※**X‐37**
アメリカで開発されている無人のスペースプレーン。1999年にNASAの計画として開始された。その他のエアプレーン計画が中止・統合されるなか、2020年に6回目の飛行プロジェクトに挑戦。2年後の11月12日、908日間の軌道飛行を終えて帰還した。

【第一章　宇宙世紀の兵器】

奇襲兵器ゼーゴックとBa349 ナッター

09

生まれ変わった水陸両用モビルスーツ

宇宙世紀0079年も後半になるとジオン軍の優勢は覆され、地球における支配地域は減少、ついには地球からの撤退を余儀なくされる。

その結果、不要となった装備が水陸両用モビルスーツである。

地球表面の七割は海洋であり、水陸両用モビルスーツは港湾の攻撃、通商破壊など各地で幅広く活躍した。また、地球連邦軍の総司令部が置かれている**ジャブロー**[※]は網の目の如く河川が流れるアマゾン川流域にあり、ジャブロー攻略には水陸両用モビルスーツの力が必須であった。

水陸両用モビルスーツにはゴッグやアッガイなどがあるが、最も高性能で完成度が高

※ジャブロー
地球連邦軍の司令部が置かれている巨大軍事施設。アマゾン川流域の地下の岩盤をくり抜いて巨大鍾乳洞を連結させて造られており、宇宙戦艦の建造や打ち上げまで可能な規模を持つ。

いとされたのがＭＩＰ社の**ズゴック**[※]である。ＭＩＰ社はモビルアーマーの開発で知られ、特にビーム兵器の技術に定評があった。ズゴックの腕部に内装されたメガ粒子砲はゴッグのような胴体内装型に比べて取り回しがよく、素早い照準が可能であった。

究極の完成度を求めたため開発は遅れたが、ズゴックの性能は高く、水陸両用機でありながら陸戦で連邦軍のジムを圧倒した。ズゴックは地球侵攻作戦に大きく貢献するはずであったが、戦局が悪化してジオン軍が地球から撤退することになり、無用の長物に成り下がってしまう。上陸作戦では最強を誇るズゴックも宇宙に活躍の場はなかったのである。

しかし、すでに生産したズゴックやその部品を遊ばせておく余力はジオンにはなく、有効活用するための研究がはじまる。ズゴックはジェネレーター出力が高く、大型の兵装も運用可能であった。そこで、ズゴックにロケットエンジンと大量兵器輸送用コンテナをつけて大気圏外から地表に向けて投げ落とし、ジャブローから打ち上げられ上昇中の連邦軍艦艇を攻撃する、というかなり乱暴な運用法が立案される。これをモビルダイバーシステムといい、任務完了後、コンテナは投棄、機体はガウ攻撃空母に着艦し、パイロットとデータの回収後に機体は廃棄されるという完全な使い捨て兵器であった。

このモビルダイバーシステムの管制ユニットとなるのが、〝元ズゴック〟の部分であるゼーゴックである。下半身は完全にロケットエンジンに換装され、右腕はセンサー

※ズゴック
ジオン公国軍の水陸両用モビルスーツ。ＭＳＭ－07ズゴック。高い運動性能と腕部アイアンネイルによる強力な格闘戦能力と、腕部メガ粒子砲及び頭部240ミリロケット弾による砲撃力を合わせ持ち、一年戦争最高の水陸両用モビルスーツと呼ばれた。

DATA

ゼーゴック

ズゴッグの上半身を転用した改修兵器。衛星軌道上から大気圏内に進入し、地球連邦軍に奇襲攻撃を行うことを目的に製造された。

【スペック】
全長：15.6m　全高：13.2m
全備重量：540～917t（装備による）
主動力：熱核融合炉
ジェネレーター出力：2,453kW（ズゴック本体）

アームに変えられている。左腕のメガ粒子砲のみが唯一の固定武装として残された。

作戦の実行にはズゴックに慣れた海兵隊員が当てられたようだが、愛機を使い捨てにする作戦にどのような心情で臨んだかは不明である。ただ、第603技術試験隊に配属されたヴェルナー・ホルバイン少尉は地表へのダイブを、憧れていた本物の海へのダイブと見なしていて、作戦開始時にかなり気持ちが高揚していたようである。

603での運用試験においては上昇中の敵の艦艇に対し、一度目に大型ミサイル4発、二度目には多連装ロケット弾**R・1**※を発射するも、いずれも失敗に終わる。R・1の試験時において、ホルバイン少尉は敵の攻撃を瞬時に察知し全弾かわしており、作戦の失敗が少尉の操縦技術に起因するものでないことが

※**R・1**
作中では、ドイツ語読みで「アールアイン」と発音している。

立証されている。

三度目の試験では拡散ビーム砲クーベルメを装備、打ち上げ中のサラミス4隻、マゼラン1隻を撃沈という大戦果をあげた。ただし直後にゼーゴックも撃墜され、海面に激突、ホルバイン少尉も消息不明となっている。

考察——第二次世界大戦の使い捨て戦闘機

第二次世界大戦末期、戦争開始直後の勢いはすでになく防戦一方となったドイツ国内は連合国軍の激しい空爆にさらされていた。しかし、敵爆撃機を迎え撃つ高性能戦闘機を大量生産する余力は、末期のドイツにはすでになかった。これは地球連邦軍の物量に圧倒される末期のジオン軍に似た状況である。形勢逆転をかけて高性能機とも珍兵器とも取れる特異な兵器を乱発しては少数生産に終わる、ということを繰り返したのもドイツとジオンの共通点であろう。

●苦肉の策で生まれた珍兵器

ジオン軍が連邦軍の**ビンソン計画**※によって量産された宇宙艦艇を少ない資源でやりく

※**ビンソン計画**
一年戦争初期に壊滅状態に陥った連邦軍宇宙艦隊の再建計画。ソロモン攻略

バッヘムBa349〝ナッター〟

りして迎撃するためにゼーゴックをひねり出したように、連合国軍の数百機の爆撃機を、底をつきかけた資源の中で迎え撃つために開発されたのが、ドイツ軍のＢａ３４９ナッターである。

ナッターは迫りくる敵爆撃機を迎撃するため〝だけ〟に特化した特異な戦闘機である。**ナッター（蛇）**※という名の通り、あたかも藪の中から飛びかかってくるかのように敵を攻撃する。ナッターは出撃に滑走路を必要とせず、発射台から垂直に打ち上げることで発進するロケット機である。液体燃料ロケットを主動力に、四基の固体燃料ロケットブースターの力を借りて、一気に空に舞い上がる。

本体の形状も特異で、全長が6メートルほどに対して全幅が3・6メートルしかない。つまり主翼が異様に短いのだ。これは低速での運動性や揚力をほとんど重視してないこ

戦や星一号作戦（ア・バオア・クー攻略戦）で使用された艦艇の多くがこの計画で建造されたものだった。

※ナッター（蛇）
正確にはナミヘビ科のヘビを指す。ドイツ語でヘビ全般は「Schlange（シュランゲ）」と呼ぶ。

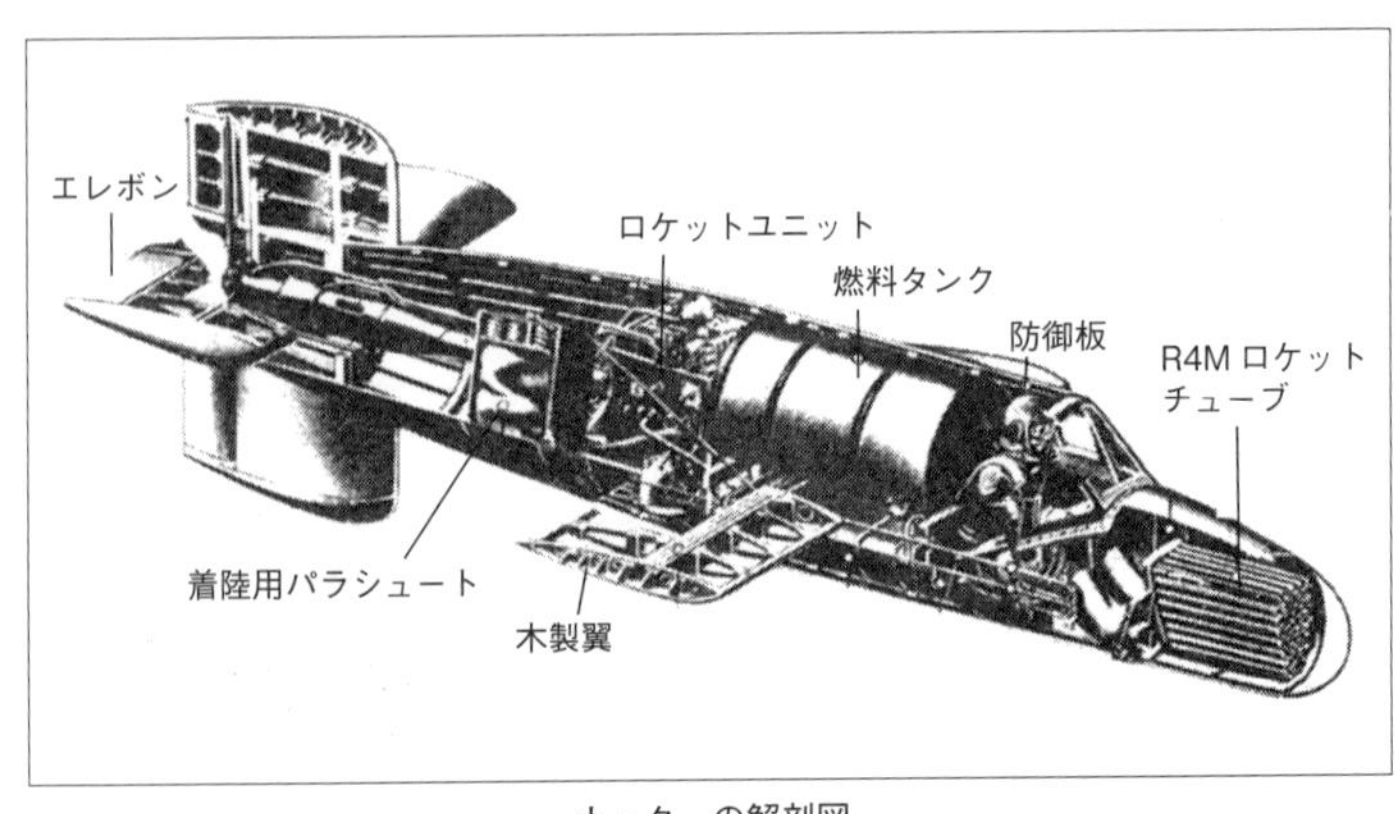

ナッターの解剖図

との表れで、ナッターは高速で敵爆撃機編隊に突っ込むことだけを念頭に設計されていた。武装は73ミリロケット弾24発か、55ミリロケット弾33発で、敵編隊を捉えたのち、多連装ロケット弾を撃ちまくるというのがナッターの攻撃方法であった。

●驚きのナッターの着陸方法

ナッターは発射台から発射されると、地上からの誘導によって敵編隊に向かって上昇し、敵機を射程に捉えるとロケット弾を全弾発射する。

しかし、低速ではまともに飛べないナッターはどうやって着陸するのだろうか。

実はナッターの機体には着陸装置は一切ついていない。機体も特に補強が必要な部分以外は木製の構造となっている。パイロットは敵編隊への攻撃終了後、座席のベルトを外し、操縦桿

発射台に取り付けられたナッター（左）と飛翔するナッター（右）

を取り外し、風防の接続金具を外す。そしてパラシュートの展開装置を作動させると、操縦席の風防が外れた瞬間に機体のパラシュートが展開し、前方に投げ出されたパイロット※は自分のパラシュートを開いて着地、機体もパラシュートで地上に着地する。つまり、ナッターは機体を使い捨てにし、エンジンなどの主要な部品とパイロットだけを回収するという使い捨て戦闘機なのだ。

このシステムの利点は安価な機体で済むこと、滑走路がない場所にも配備できること、飛行機の操縦のうち最も難しい離陸と着陸が省略されているため、理屈の上ではパイロットではない一般兵員でも操縦可能なことで

※**戦闘機からの脱出**
第二次世界大戦の頃は、射出座席が実用化されたばかりでまだ多くの航空機には装備されておらず、搭乗員はパラシュートを持って自力で操縦席から這い出さなければならなかった。これは危険な行為であり、飛び出した直後に自分の機体の尾翼に衝突して死亡する事故も多かったようである。射出座席は脱出時に小型ロケット等で座席ごと自機から飛び出す装置であるが、このような装置が発明されたのは、まさにこのような「自機に轢かれて死ぬ」という事故が多発したのも理由の一つである。

あった。

もっとも、結局のところナッターは役には立たなかった。

量産が開始された直後に生産停止命令が出て、さらに数か月後にドイツが降伏したからだ。試験用を合わせても30機ほどしか生産されなかったとみられ、そのうち半数以下が配備されるに留まった模様である。※そのうち何機かが出撃したとしても、まったく出番はなかったともいわれているが、この数では数百機もの敵爆撃機の大編隊を押し留めるのは不可能であろう。

ゼーゴックも、仮に量産しても活躍できたかは極めて疑問である。ホルバイン少尉のような凄腕パイロットがコストを無視し、モビルアーマー用拡散ビーム砲クーベルメを使い捨てにして初めて戦果が挙がるようでは、一般パイロットを宇宙から投げ落としても悲惨な結果になるに違いない。

事実、ゼーゴックもまた最終試験前に破棄が決定されていた。ホルバイン少尉はもっとまともな機体に乗るべきだったのだ。

※現存するナッター
現存するナッターは二機あるとされる。一機は米国のメリーランド州にあるスミソニアン博物館の分館ポール・E・ガーバー・ファシリティに保管された機体（左）で、こちらはオリジナル。もう一機はドイツ博物館所蔵の機体で、こちらは部品を集めて組み立てたものとされる。

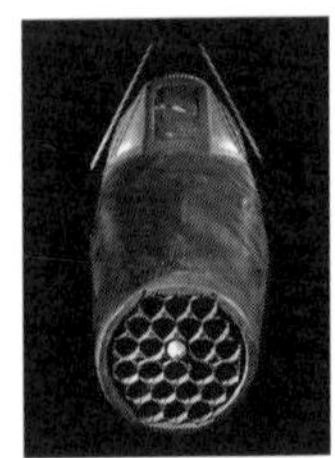

【第一章 宇宙世紀の兵器】

ブリティッシュ作戦と西暦の大量破壊兵器の恐怖

10

ギレン・ザビによる非情な軍事作戦

ザビ家率いるジオン公国が地球連邦政府に宣戦を布告したのは、宇宙世紀0079年1月3日午前7時20分であった。布告直後、ジオン公国軍は連邦パトロール艦隊に攻撃を開始、ここに世にいう一年戦争が開戦したのであった。

ジオン公国の国力は地球連邦よりはるかに劣り、独立戦争に勝利するためには短期決戦で一挙に連邦軍を屈服させる必要があった。もともとコロニー国家は**自給自足が可能なシステム**※で成り立っており、普通に暮らしていく分には資源が極度に欠乏することはない。しかし、兵器というものは本質的には生産に寄与せず、戦えば戦うほど資源を

※**自給自足が可能なシステム**
コロニーには、工業製品を製造する工場区画や農作物を育てる農場区画が付属している。

消耗し霧散させてゆくものである。このような場合、国力に劣る方が圧倒的に不利であり、ジオン公国が勝利しようとするならば、余力があるうちに一気に連邦を叩かねばならない。いってみればジオン公国の独立戦争は開戦と同時にタイマーがセットされた時限爆弾のようなものであり、そのタイマーがゼロになった瞬間、絶対に敗北するという現実を受け入れなければならなくなる賭けのようなものであった。

賭けの勝率を上げるために、ギレン・ザビは極めて単純な手段をとった。

本来、ジオン公国の独立はスペースノイドの独立が名目であった。しかし、ギレンは勝利のために、親連邦的なサイドに一方的に攻撃を仕掛けたのである。戦略としては連邦軍の拠点を事前に潰すのは理にかなっているのかもしれないが、目的のためには何をしでかすかわからないザビ家のやり方は、無用な反感を地球の住民だけでなくスペースノイド、果ては一部のジオン軍兵士にまで与えることとなる。

結果として、ジオン公国のあるサイド3に近いサイド1、2、4は壊滅的な被害を受け、月面都市グラナダは占領されてしまう。この時、コロニー攻撃にジオン軍が使用したのがＮＢＣ兵器である。

ＮＢＣとは核兵器（Nuclear）、生物兵器（Biological）、化学兵器（Chemical）の頭文字を取ったもので、大量破壊兵器である。特に密閉空間であるコロニー内への猛毒ガスである**ＧＧガス**※の注入は破滅的な効果があり、コロニー内の全人口である数千万人が

※**ＧＧガス**
宇宙世紀の猛毒の化学兵器。ダブルジーガス。霧状のガスで吸い込むと短時間のうちに意識を失いそのまま死亡する。さらに強化されたＧ３ガスが存在し、ティターンズのスペースノイド弾圧等に使用された。

DATA

ブリティッシュ作戦

宇宙世紀0079年1月3日から1月10日にかけて行われた地球連邦とジオン公国の戦闘（一週間戦争とも呼ぶ）でジオン公国が行った軍事作戦。サイド2の第8番コロニーに核パルスエンジンを取り付け、地球に落下させようとしたが、地球連邦軍の激しい抵抗により失敗した。

全滅し、全体で数億人が死んだといわれている。この攻撃に使われたのはザクⅠを主力とした部隊であった。ちなみにこのような「汚れ仕事」をさせられたのは生粋のジオン国民ではない、いわゆる外人部隊だったとも、下層民出身兵ともいわれる。

しかし、ギレン・ザビの暴挙はこれで終わらなかった。地球連邦軍を完全に屈服させるには連邦軍本部ジャブローを破壊しなければならない。そのためにコロニーの一つに**核パルスエンジン**[※]を取り付け、ジャブローへの落下軌道に乗せ、コロニーを超巨大な質量兵器として叩き落とそうと企てたのである。これを「ブリティッシュ作戦」という。これに選ばれたのはサイド2の8バンチ「アイランド・イフィッシュ」であった。

アイランド・イフィッシュの住民はすべて

※**核パルスエンジン**
ロケット後方で小さな核爆発を起こし、その衝撃の圧力で推進するロケットエンジンの一種。通常のロケットエンジンが推進剤を大量に消耗するのに対し、核パルスエンジンは得られる推進力の割に消耗する燃料の容積が小さい。

ガス攻撃によって殺され、彼らの故郷がジャブローへの落下コースを取り始めた時、生きているものは一人もいなかった。

　戦後この攻撃に参加した兵士は戦犯として扱われ、連邦傀儡の新生ジオン共和国にも戻れず、**シーマ・ガラハウ中佐**[※]が率いる艦隊のように輸送船を襲って食い繋ぐ宇宙海賊に成り果てた者もいたという。この凶暴ともいえる暴挙が後に、連邦軍内にティターンズのような暴力的な地球主義者の軍閥を成立させ、グリプス戦役の遠因になったことを考えると、まったく救いのない話である。

　もっとも、ブリティッシュ作戦自体は失敗に終わった。ジオン軍の動きを察知した連邦艦隊がアイランド・イフィッシュの落下コースに集結、猛烈な艦砲射撃を加えた。これを妨害するため、ジオン軍もモビルスーツを大挙投入して連邦艦隊を攻撃。この戦闘によって連邦艦隊は大損害を被ったが、同時に攻撃によってコロニーの強度が低下、大気圏突入時にコロニーは三つに分裂し、ジャブローには落着せず、大量の破片が北米大陸に降り注いだ。

　そして最大の破片はオーストラリアのシドニーを直撃した。全長32キロもの長さがあったコロニーの破片は、その前半部分だけでも地表から対流圏上層を超えて成層圏まで届くほどの巨大物体である。直撃を受けたシドニーは消滅し、爆発的な衝撃波は地球全体を何度も巡ったという。膨大な破片はクレーターを作りながら広範囲に飛び散り、

※シーマ・ガラハウ中佐
「機動戦士ガンダム　0083」等に登場。ジオン公国軍の軍人。本人も知らぬ間にコロニー住民虐殺に加担させられ（連邦寄りのサイドへの強襲作戦で、催眠ガスとされたガスをコロニー内に注入したところ、実はG3ガスだった）、戦犯となり、故郷のコロニーはコロニーレーザーに改造され帰れず、汚れ仕事を押し付けられていたためアクシズにも亡命できず、行き場を失って部下とともに宇宙海賊として生き延びていた。

食糧生産と物流を麻痺させて大量の餓死者を出した。この一連の動きによって、地球圏の総人口の半数が死亡したといわれている。

かつてのスペースノイド独立のカリスマ的指導者だったジオン・ズム・ダイクンは、地球環境の回復のためすべての人類は宇宙で暮らし、地球を自然のままにしておこうという「エレズム」という思想に傾倒していた。

これを信奉するジオン国民も多く、ブリティッシュ作戦のこの惨状を容認しかねる者もいた。クワトロ・バジーナという変名でエゥーゴに在籍していたシャア・アズナブルつまり、ダイクンの息子キャスバルが、ダカールの連邦議会を占拠しエレズムに基づく演説を行なったのは有名である。※

もっとも、そのシャアも後に(エレズムに固執するが故に)地球に小惑星を落とす事件を引き起こすのだが……。

考察――西暦時代の大量破壊兵器

大量破壊兵器は破滅的な結果を引き起こす兵器であり、戦争の当事者双方がこれを使用すれば容易く全人類が滅亡してしまう。まさにそのような状況が現実に現れる寸前

※シャアの思想
シャアは『Zガンダム』の作中でダカール議会を占領した際、「全人類は宇宙に出て、これ以上の環境汚染を食い止めるべき」という内容の演説を行い、テレビ中継させた。『逆襲のシャア』ではネオ・ジオンの総帥となり、地球に小惑星を落として地球に残る人々の粛清を目論むなど、行動が過激化しており、「急ぎすぎるあまり何も成し遂げられないエリート」としてのシャアの一面が垣間見える。

長崎に投下された原子爆弾のキノコ雲

だったのが1940年代から90年代まで続いた冷戦時代であった。

●大量破壊兵器「原子爆弾」の登場

第二次世界大戦中、まだ理論だけではあったが核分裂の研究が進んでいた。核分裂とは重い原子に中性子が衝突して分裂、軽い原子に変わる時にその結合エネルギーが解放される現象である。

20世紀最高の天才といわれたアルバート・アインシュタインは、質量とエネルギーは等価であり、質量が消滅した際にエネルギーに変換されることを導き出した。そのときに生み出されるエネルギーは可燃物が酸化して燃焼するのとは比較にならないほど巨大で、核分裂爆弾すなわち原子爆弾の場合、反応した核物質（ウラン235）の数万倍のTNT火薬が爆発するのに等しいエネルギーを一瞬で放出する。その際、強力な放射線を撒き散らし、周囲に甚大な放射能汚染を引き起こす。

ドイツや日本が原爆を開発しているという情報[※]を得たアメリカは、先んじて原爆を手

※**ドイツや日本が原爆を開発しているという情報**　日本では理化学研究所の

に入れるため大規模な研究開発計画「マンハッタン計画」を発動、世界初の核保有国となる。結果として日本の広島と長崎に原爆が投下され、都市中心部は吹き飛び、多数の市民が爆風と大火傷で即死。生き残った人々も重篤な放射能障害で数週間以内に多数が死亡した。

●原爆よりもさらに強力な水素爆弾

さらに戦後になるとこの原爆を起爆装置に使い、軽い原子同士を融合させることでエネルギーを引き出す水素爆弾も完成する。これは水素原子同位体が融合してヘリウムに変わる時に強力なエネルギーを出すことを利用した爆弾で、原理的には太陽が燃えるエネルギー源と同じ物である。

さらに、爆弾の容器を核物質で作り、核融合によって出る中性子をさらに核物質に当てることで核分裂をも起こさせる3F(スリーエフ)爆弾も完成した。広島型原爆の威力は推定15～20キロトンでTNT火薬約2万トン分であったが、もしこれが水爆なら威力はメガトン級であり(構造が違うので単純比較はできないのだが)TNT火薬2000万トン級の威力があったかもしれない。

もしこのような物を実戦に使用すれば、都市全体が消えてなくなり、周辺地域は何百年も汚染されるだろう。当時世界最大の水爆だったソビエトのツァーリ・ボンバは、50※

仁科芳雄を中心として原子力利用全般の研究が行われており、その中に原爆も含まれていたが、結局実用化まではできなかった。ドイツでも原子力を利用した爆弾の構想はあったが、有力な研究者に当時迫害されていたユダヤ人が多いなどの理由で研究は遅れており、原爆開発をまともに推進していたのは、実際にはほとんどアメリカ一国のみだった。

※**50メガトン級**
広島型原爆の約3300倍であり、第二次世界大戦で使用された全爆薬の10倍の威力があった。

1960年代初頭のアメリカの超小型核弾頭W54。重量はたったの23キロ。

メガトン級の爆弾だった。この爆弾が核実験で炸裂すると、爆心地から50キロ離れていても建物が吹き飛び、100キロ離れていても火傷をし、900キロ離れていても衝撃波で窓ガラスが割れたという。※

もっとも、ツァーリ・ボンバは27トンと巨大すぎて専用爆撃機で一発しか運べず、実戦用兵器とは言い難かった。むしろ怖いのは大陸間弾道ミサイルに搭載可能な小型核弾頭が完成してからだった。アメリカとソビエトは互いの核ミサイルを恐れるあまり、核兵器の開発競争に突入する。この核兵器による睨み合いの時代を「冷戦時代」といい、互いに滅亡の恐怖を持ったことで、逆に戦争が起きない状態は「相互確証破壊による平和」と呼ばれた。

無論、このようなものは偽りの平和であって、誰かがうっかりミスで核兵器を発射し

※**ツァーリ・ボンバの実験**　爆撃機を危険空域から離脱させる時間を稼ぐため、投下されるツァーリ・ボンバには減速用のパラシュートがつけられていた。地上1万500メートルから投下された爆弾は、地上4200メートルの地点で爆発。そのとき、爆撃機は爆心地から115キロ離れた地点にいたが、爆発の衝撃で1000メートルほど降下したといわれている。

てしまえば、お互いに報復の連鎖となり人類は滅亡する。また、政治的摩擦によってアメリカとソビエトがお互いに一歩も引けない状態になり、あわや核戦争直前となったこともあった。ソビエトがアメリカ近海の島国キューバにミサイルを持ち込んだ「キューバ危機」がそれで、両国が互いに歩み寄らなければ、今頃人類は滅亡していたとも考えられている。

核兵器の大量使用によって大気中に大量に巻き上げられたチリが太陽光を覆い、地球が寒冷化することを「核の冬」といい、小惑星の落着やマグマの超巨大噴火によってもこのような現象が起こり、それが過去、何度も生物の大絶滅を起こしている、という説がある。

小惑星アクシズを落として核の冬を再現しようとしたシャア・アズナブルは、生物大絶滅を引き起こしてでも地球に残る人々を粛清しようとしたのだろうか。古生代末、**ペルム紀末期の大量絶滅**※は地球史上最大で、生態系が回復するのに700万年かかったといわれているのだが……。

※**ペルム紀末期の大量絶滅**
2億5000万年前に発生した大絶滅。陸上は火災の煤に覆われ、海中の酸素は激減し、環境の激変で地球上の生物の90%が絶滅したと考えられている。これほどの大絶滅でありながらその原因はいまだに分かっていない。小惑星の衝突という説もあれば、世界規模の火山の大爆発が起こったという説もある。

【コラム1】

一年戦争のエース機と西暦のエース機

一年戦争時、連邦軍・ジオン軍を問わず、数多くの敵機を撃墜した、いわゆる〝エースパイロット〟が誕生している。戦艦5隻を沈めたシャア・アズナブル、特殊な単縦陣攻撃「ジェットストリームアタック」を駆使した黒い三連星、アナベル・ガトー、ララァ・スン、連邦軍ではアムロ・レイ、カイ・シデン、セイラ・マスといったホワイトベース隊のパイロット、オデッサ作戦におけるアリーヌ・ネイズンなどがその代表格だろう。

しかし、連邦とジオンではエースに対する待遇、特にエースパイロットに与える機体の方針についていささかの差があるようだ。

ジオン軍はもともと寡兵であり、連邦軍に比べて量より質、一騎当千の兵力に期待するしかなかった。そのため、優秀なパイロットには制服の大幅なカスタムや、自身の乗機をパーソナルカラーに塗装することなどを許していた。自軍の士気の向上に貢献させるためである。

モビルスーツに専用塗装を施すくらい何でもないと思われるかもしれないが、そもそも軍隊はお役所の一つである。モビルスーツはそのお役所の備品であり、パイロットはモビルスーツの運用のうち「動かす」という係を担当しているだけの公務員なのである。公共財であるモビルスーツを自身の専用カラーで塗装するというのは、犯人逮捕に何度も貢献した警官だからという理由で、パトカーに専用塗装を施すのを許すようなものである。

●エースが特別扱いされたジオン軍

有名なエースパイロットであるシャア・アズナブルは、自身の乗機を赤く塗装していたことで知られている。一年戦争時のシャアは、急遽搭乗することとなったジオングを除けば、すべての乗機を赤く塗装している。特に赤いザクⅡは有名である。このザクⅡ、戦歴を追っていくと、シャアがガルマ・ザビの護衛に失敗した責任をとって左遷された際に、この機体から降りていることがわかる。前線指揮官として返り咲き、次に戦場に現れたときには赤いズゴックに乗っていたので、おそらくザクの方はドズル中将の宇宙攻撃軍に戻され、推測だが通常の塗装に塗り直され、改めてザクⅡS型として配備されたのであろう。あるいはソロモン攻防戦に参加していたかもしれない。

他に地球降下作戦初期、連邦軍兵士に「白き鬼ホワイトオーガー」と呼ばれて恐れられた、エルマー・スネル大尉のザクⅡは、その名の通り白く塗装されていた。もっとも、このホワイトオーガー、地上での激しい戦いのため、白い塗装が剥げて下地が見えてきている。スネル大尉がパーソナルカラーとして白を選んだのか、それとも降雪地帯で使用した冬季迷彩をそのままにしていたのか。正確なところは定かでない。

ちなみに現実世界でも、戦車での野戦中に降雪があって雪が降り積もった場合は、乗員自身が戦車を白いペンキで塗装することがある。ある意味、自分たちで乗機の色を塗り替えられるチャンスである。第二次世界大戦中の欧州戦線では、家の白壁を塗り直すための白いチョークを車体に擦り付けて、応急的に戦車の冬季迷彩を行なったりしたそうである。

●特別扱いをしない地球連邦軍

一方の連邦軍の場合、基本的には個人の意向でモビルスーツを塗装するようなことはあまり行なわれなかった。モビルポッド・ボールにシャークマウスを描いた部隊などもあったが、それはあくまで部隊特有の塗装であって、エースに許された特権ではない。ジオン軍がスペースノイド解放を標榜して設立された比較的若く、革命の気風が強い新しい組織であるのに対し、連邦軍は古く官僚的な組織である、という違いもあるだろう。

もちろん連邦軍もエースパイロットの存在を無視していたわけではない。連邦軍の場合、特に優秀なパイロットに新鋭機を与え、戦闘データを収集するといったことを行なっていた。最新兵器の集合体であるホワイトベースとその搭載モビルスーツが、偶然とはいえニュータイプと目される少年少女の手に渡ったことは、ある意味で最高の実験材料であった。

そのことを示すように、かなり実験的な兵器としての色彩が強いGファイターも、後日になってホワイトベース隊に引き渡されている。Gファイターはパーツの組み合わせによって、戦車にも戦闘爆撃機にも輸送機にもサブフライトシステムにもなる、というスペック上は万能の機体である。

だが、特に戦車形態（Gブル）で顕著なのだが、その形態を取ることの優位性がほとんどなく、単にできるからやったというだけで、その存在意義がほとんどなかった。宇宙空間における戦闘で、ガンダムの脚部にGファイター後部を履かせることでモビルアーマーのような高機動機体として運用しようとするなど、試行錯誤が繰り返されたが、結局、Gファイターは戦闘機、あるいはサブフライトシステムとして運用するのが最適であり、複雑な合体は行なわれなくなった。

シャア・アズナブルは一年戦争最終盤、ジオン公国最後のモビルスーツであるジオングを与えられている。ジオングはサイコミュ搭載兵器でありニュータイプ専用機、実質的に真のエース専用機だった。この時のジオングの完成度は8割ほどだったとされるが、担当の技術士官が「この状態で100パーセントの性能を出せます」と断言したのは有名な逸話である。実際いわゆる脚付きの「パーフェクトジオング」がどれほどの実力を発揮できたのか未知数であり、「ミノフスキークラフトも変形機構も持たないサイコガンダム」ともいえるパーフェクトジオングは、実は完成状態の方が性能が低い可能性もある。

●西暦の時代もやっぱり兵器は公共物…

さて、現実のエース専用機も見てみよう。

実際の世界も当然、制式兵器は役所の備品であるが、どう扱われるかはお国柄やその時の状況によって異なる。

第一次世界大戦のドイツの戦闘機エース、マンフレート・リヒトホーフェン男爵は乗機を真っ赤に塗装し、「レッドバロン」と呼ばれた。もっとも、リヒトホーフェンは色々な戦闘機を乗り継ぎながら戦っており、実際には必ずしも赤い機体ばかりではなかったという。乗っていたのも標準的な量産機で、特殊な機体ではなかった。

エースが専用機ともいえる特殊な機体で戦った例としては、第二次世界大戦時のドイツ軍の対地攻撃のエース、ハンス・ウルリッヒ・ルーデルらが乗ったユンカースＪｕ87Ｇ型があげられる。

急降下爆撃機〝スツーカ〟として知られるＪｕ87に37ミリ砲のガンポッドを両翼に一門づつ、合計二門取り付けたＧ型は、上空から一撃のもとに地上の戦車を破壊できる恐るべき攻撃力があった。

しかし、装備が重すぎて運動性は最悪、携行弾数も片側12発、計24発と少なかった。そのため、この機体で活躍できるパイロット自体が限られており、スツーカのエースだけが乗りこなすことができた。

いつの時代でも兵器はあくまでも国の財産である。戦場に私物を持ち込みでもしない限り、自分専用にカスタマイズするのは難しいのが実情であった。

リヒトフォーフェン男爵

ユンカース Ju87G 型

【コラム2】
一年戦争の珍兵器アッザム

一年戦争において、ジオン軍は試作段階の兵器を最前線で運用する、ということを繰り返している。

名目上は実戦テストだが、一年戦争はジオン公国の国力で戦うにはあまりに戦線が拡大しており、兵器の完成と量産化を待つゆとりもなかったというのが本当のところだろう。

●鈍足の珍兵器「ゾック」

ビグ・ザムやヒルドルブなど、ジオン軍の試作兵器の実戦投入の例は枚挙にいとまがない。水陸両用モビルスーツのゾックは一応制式採用され型式番号もMSM-10とされているが、三機しか作られなかった試作機も同然の機体である。

この機動力は低いのにジャンプ力ばかりあり、火力に特化した得体の知れない兵器は上陸支援の移動砲台という名目で開発された。だが、ゴッグやズゴックの上陸作戦での活躍を鑑みれば、わざわざゾックが出張ってこなければならない上陸作戦が頻発するとは考えにくく、その足の遅さを考えれば作戦遂行のお荷物になる可能性すらある。

結局、ゾックはその真価を発揮できる戦場がわずかしかない兵器であって、作中でのゾックの最大の功績「ジャブロー入口の発見」も、ゾックの特性である「大火力」と何も関係のないものであった。

●試作兵器「アッザム」

ゾックのような得体の知れない怪兵器として一年戦争中最も有名なものが、モビルアーマーのアッザムであろう。

アッザムは月面用車両ルナタンクを母体とし、これに実験的な機材を積み込んで改造した試作兵器である。アッザムに搭載された実験機材の一つはミノフスキークラフトである。

ミノフスキークラフトはミノフスキー粒子のＩフィールドが導電性の物質を透過しにくいという特性を利用し、艦艇の下面にＩフィールドを発生させ、艦体を持ち上げることで重力下でも飛行可能とする技術または装置の名称である。有名なホワイトベースがこの技術を使用した初の実用艦艇だということはよく知られているが、ジオン側でこれを利用した最初期の機動兵器の一つがアッザムであった。

アッザムはミノフスキークラフトによって浮き上がり、四基のホバーエンジンによって航行した。アッザムは「移動砲座」または「機動砲座」という機種の兵器ということになっている。果たして砲座が浮遊することに戦術的な価値があるかは意見が分かれるところである。

アッザムの基本兵装は二連装メガ粒子砲八門であるが、さらに実験的な兵器として「リーダー」と呼ばれる特殊兵器を装備している。

これは同型の装備を使用したのがアッザムのみのため（モビルアーマーヴァル・ヴァロに類似の装備があるが）、特にアッザム・リーダーと呼ばれている。アッザム・リーダーは、特殊な粉末を散布しながら電磁波を発生させる籠状のトラップで目標を囲い込み、電磁波を浴びせることで粉末を浴びた目標を高熱化させて破壊するという兵器であった。

この兵器はガンダムを苦戦させたことで知られているが、それは正体不明の兵器に不意打ちされたからであって、ネタがばれた後でモビルスーツ相手に通用するとは思えない。

その仕様は兵器というより実験機材に近く、もし実用化するとしても大幅な仕様変更が必要になったことだろう。あるいは、もともと兵器ではなく、デブリ回収船や資源採掘機材といった何らかの作業機械の装備として研究されていたのかもしれない。

ニュータイプの兵器化を指揮したキシリアであれば、たまたま見かけた装備を（半ば思いつきで）兵器として研究させることも考えられる。

アッザムの浮遊砲座という特性は正規軍相手ではメガ粒子砲に狙い撃ちされる危険をはらんでいる反面、非正規のゲリラ相手には威力を発揮しそうである。上空からの爆撃や砲撃はもちろん、特に物陰に潜んだゲリラに対しアッザム・リーダーはかなり有効な兵器になりうる。あるいはアッザムは低強度紛争でより真価を発揮したかもしれない。

●**将校用の乗機に抜擢されたアッザム**

むしろアッザムの最も奇怪な点は、マ・クベとキシリアという突撃機動軍の重要な幹部将校が搭乗していたという事実であろう。

もっとも、直接的に激しい戦闘を行う可能性の低い機材を、将校用の乗機として使うことはめずらしくない。戦車やモビルスーツ部隊の大隊長クラスの将校だと、乗り込むのはむしろ通信装置を据え付けたトラックだったりする。後方から全体を見て指揮をするのに戦車に乗る必要はないからだ。また、余った試作車両を指揮官用に転用するのは第二次世界大戦時にも行われていた。

アッザムはそのミノフスキークラフト搭載機ゆえの良好な飛行性能から、実験中の試作機が軍司令クラスの将校の移動用に選ばれただけで、本格的な戦闘を行う予定はなかったのではないか。実際、ガンダムとの戦闘は不意の遭遇戦で、中破しながら撤退に成功している。

アッザムは本質的に実験機材そのものであって、それが前線に配備されたのはやはり戦力不足に起因するところが大きいのではないだろうか。

アッザムの機動砲座という概念は、火力に特化した大型機動兵器としてアプサラスシリーズに受け継がれてゆくことになるが、アッザム自体が量産されることはついになかった。

第二章　宇宙世紀の技術

【第二章　宇宙兵器の技術】

ガンダムの装甲と西暦の装甲材

11

ガンダムを守る強固な装甲ルナ・チタニウム合金

一年戦争において、最強のモビルスーツの一つに数えられるのがＲＸ‐78ガンダムである。そのガンダムが最強と呼ばれた理由は主に三つある。

一つはアムロ・レイが搭乗したこと。一年戦争後期にあっては、ガンダムの性能は圧倒的とまではいえなくなっていた。それなのにホワイトベース隊のガンダム（ＲＸ‐78‐2）が驚異的な戦果を挙げたのは、アムロ・レイの戦闘能力のおかげである。

もう一つの要因は、ビームライフルの装備である。**ビームライフルの直撃を物理的な装甲材で防ぐのは困難**[※]で、どんな重装甲のモビルスーツでも一撃で倒すことができた。仮にガンダムに実体弾を発射する通常のマシンガンしかなければ、ゴッグやドムが相手

※**ビームライフルの直撃を物理的な装甲材で防ぐのは困難**
ビームによる攻撃を防ぐには「Ｉフィールドジェネレーター」が別に必要で、これは大型の機器であるためモビルアーマークラスの大型兵器にしか搭載できなかった。

DATA

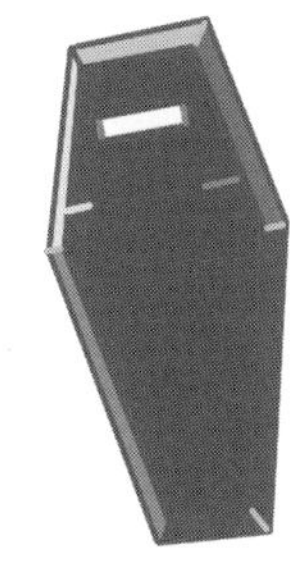

ルナ・チタニウム合金

地球連邦軍のモビルスーツであるガンダムやガンキャノン、ガンタンクの装甲、ガンダムのシールドなどに使用されているといわれる特殊な金属。希少で、ルナ２で発掘されるものが特に質が良いとされる。軽量でありながら非常に強く、ザク・マシンガンの砲撃をものともしなかった。一方で、グフのヒート・ロッドやザクのヒートホークの攻撃で破損することもあった。

だとかなりの苦戦を強いられたはずだ。

そして最後の一つが、その装甲材である。ガンダムの装甲材は「ルナ・チタニウム合金」とされている。詳細は不明だが、重化学工業が発展した月面都市で開発されたものとされる。無重量状態、低重力状態などの特殊な環境下では、比重の異なる物質を均等に混ぜ合わせ、新しい素材を開発することができる。そのような先端科学によって誕生したと特殊な合金ということだろう。

ルナ・チタニウム合金は宇宙兵器の装甲材として革命的な物質であり、その軽さは機動性の向上に寄与し、グリプス戦役以降のモビルスーツに大きな影響を与えた。

一年戦争後、ジオン軍のザクなどで知られるモビルスーツ開発企業のジオニック社が、月面の総合機械メーカーの※**アナハイム・エレ**

※アナハイム・エレクトロニクス
『機動戦士Ζガンダム』から登場する月を拠点とする軍産複合体。グリプス戦役以降、連邦軍のモビルスーツ開発の大部分に関与した。

クトロニクスに吸収されるが、そのアナハイム・エレクトロニクスがグリプス戦役時に開発したモビルスーツには「ガンダリウム」というガンダムの名を冠した装甲材が使われている。おそらくガンダムで使用された装甲材の改良型であろう。※

ルナ・チタニウムは強度が非常に高く、数十発ものザク・マシンガンの直撃に耐えた。それでありながら紙のように軽量である。※

もっとも、ルナ・チタニウムといえど、メガ粒子砲などのビーム兵器には太刀打ちできず、やがてそれらが主力になると敵の攻撃を跳ね返す、というわけにはいかなくなる。そういった意味で、アムロは運が良かったのかもしれない。最初に遭遇したのがザクではなくゲルググなら、アムロは最初の一撃でやられていただろう。

考察――西暦の装甲と合金の歴史

軽くて強い、ルナ・チタニウムの特徴を備える現実世界の素材というと、チタン合金が思い浮かぶ。

チタン合金は、チタンに様々な元素を混ぜた合金で、軽量、高強度、高い耐腐食性といった特徴がある。そのため、軍事分野でも広く使用されているが、装甲材として用い

※**ガンダムで使用された装甲材の改良型**　ただしアナハイムのものはアクシズの技術者が開発したものであり、直接的にはガンダムとは無関係という説もある。作品によって設定が矛盾しているところもあり、断言できないのがガンダムの難しさでもある

※**紙のように軽量**　モビルスーツの設定重量が不自然に軽いことは時々ネタにされることがある。戦車を持ち上げられるくらい大きいのに、重量が戦車と同じ50トン台なのだ。

られることは限定的だ。多くは機体の構造などに使うのが中心で、チタン合金製の装甲で覆われた兵器は存在していない。

チタン合金を装甲にあまり使わないのは、コストや強度、加工の難しさなどさまざまな理由があると思われる。ルナ・チタニウムはそうしたチタンの問題点を解決することができた合金ということなのだろう。

ハンプトン・ローズ海戦で交戦するモニターとバージニア

●西暦時代の「盾と矛」の競争

ガンダム世界でもそうだったように、現実世界でも強固な守りを持つ装甲材の開発は軍関係者の悲願だった。

攻撃と防御の「盾と矛」の競争は、**砲熕兵器**※が大々的に使われるようになった頃から行なわれている。世界初の装甲艦同士の対決とされるアメリカ南北戦争の「**ハンプトン・ローズ海戦**※」において、装甲艦モニターと装甲艦バージニアが交戦、双方とも砲の貫徹力より防御力が

※**砲熕兵器**
「ほうこうへいき」と読む。大砲や火砲などのこと。

※**ハンプトン・ローズ海戦**
1862年3月8日から9日にかけて、バージニア州南東部のハンプトン・ローズと呼ばれる海域で行われた海戦。モニターとバージニアは1時間にわたって撃ち合い、引き分けに終わったが、モニターの砲の方が威力が高く、モニターの装甲が少し凹んだだけだったのに対して、バージニアの装甲には数か所のヒビが入っていたとされる。

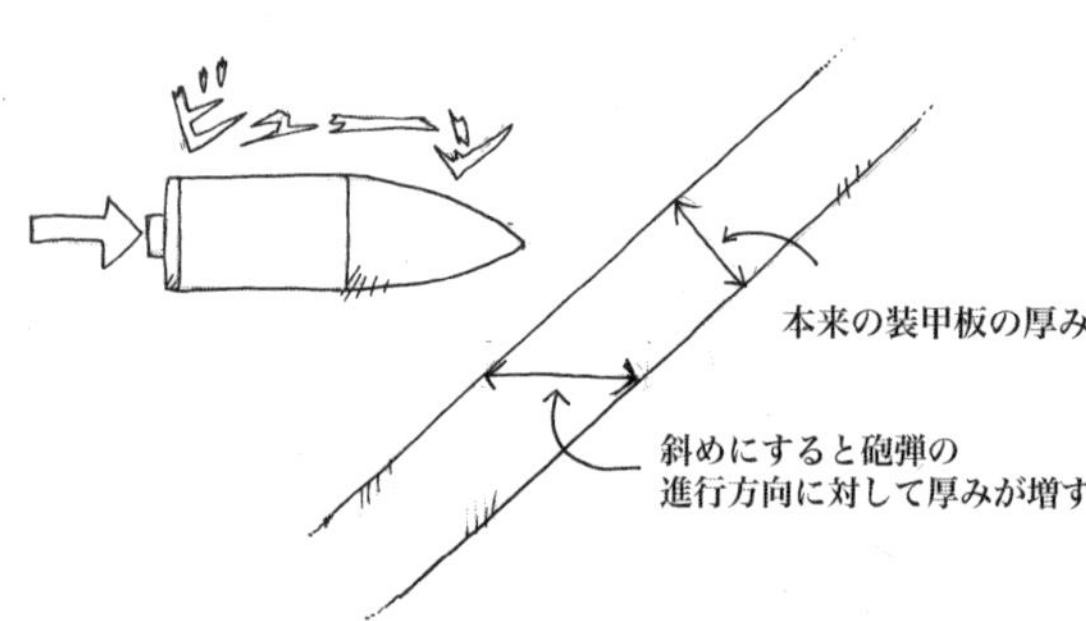

装甲版を斜めに配置すると装甲版を厚くした効果が生まれる

勝っていたため、撃っても撃っても勝敗がつかず、ついに引き分けになるという戦闘が起きた。

第二次世界大戦の戦車戦においては、より進化した徹甲弾が使われた。これは硬度の高い金属で尖った弾芯を作り、軽金属のカバーで覆ったもので、高速で敵戦車の装甲に叩きつけると、弾芯が装甲材に穴を開けて貫通するというものであった。

また、まったく別の砲弾として成形炸薬弾があった。これは先端をくぼませた爆薬に金属の薄膜（ライナー）を貼り付けることで爆発のエネルギーを中心部に集中させ、針状のメタルジェットとなったライナーで敵戦車の装甲に穴を開けるというものだ。※

第二次世界大戦時、これらの強力な砲弾から戦車を守るには主に4つの方法があった。

一つは装甲を二重にする方法である。成形炸薬のメタルジェットが威力を発揮する距離は決まっているので、戦車本体の装甲よりも数十センチ離して鉄板や金網などを設置

※**砲弾の仕組み**
詳しくはザク・マシンガンの項参照。

しておく。そうすれば成形炸薬弾が最適距離よりも手前で爆発するので、威力を封じることができるのである※。

次に装甲板を斜めに配置する方法である（右ページ図）。角度をつければ装甲板を厚くしたのと同じ効果が出るし、砲弾の命中した角度が浅ければ弾くこともできる。

三つめが装甲の弾力性を増すことである。一口に鉄板といっても混ぜる金属によって性質は変わる。硬すぎると割れてしまうので、適度な弾力性を持たせるのだ。

最後が単純に装甲板を厚くすること。

これは第二次世界大戦時には有効で、ドイツの戦車が連合国軍の多数の中戦車に少数で対抗しようとするうち、どんどん重戦車化していったのは有名である。しかしながら、移動する機械である以上、無制限に重量を増やすことには無理があり、戦争末期には重戦車の故障の多さにドイツ兵は悩まされることになる。

●宇宙合金の現状とは？

冷戦時代になると、装弾筒付翼安定徹甲弾※APFSDSなどの強力な徹甲弾が実用化されるようになる。

APFSDSは、20世紀のものでも厚さ68センチの鉄板を2000メートル離れた距離から射抜く性能があった。こうなるともはや装甲を厚くするだけでは防ぐことはでき

※**威力を封じる**
ガンダム及びジムの盾には最適距離より手前で敵弾を爆発させるという意味もある。

※**APFSDS**
連邦軍61式のほか、口径30センチのものがジオン軍のモビルタンク「ヒルドルブ」にも装備されている。

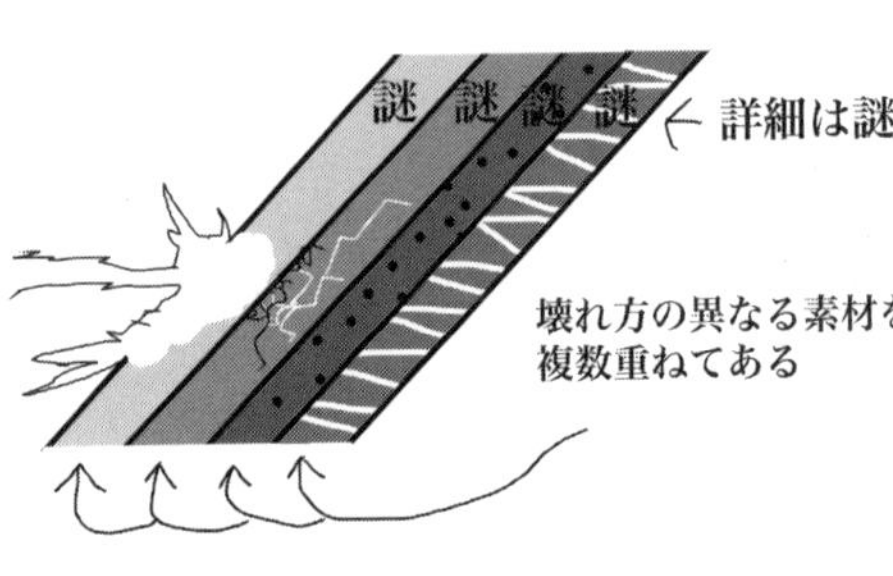

チョバム・アーマー

ない。そのため、冷戦期には戦車の装甲を薄くし、代わりに機動力を増す設計が主流になる。敵の砲弾を装甲で防ぐのではなく、避けようということである。

しかし、やはり戦車に防御力は必要だ。

1960年代、イギリスが画期的な装甲の開発に成功する。チョーバムにある戦車研究所で開発された**「チョバム・アーマー」**※である。

チョバム・アーマーはその名がガンダムNT-1の装備に受け継がれているが、もともとは複数の素材をサンドイッチ状に重ね合わせた複合装甲の名称である。

徹甲弾の弾芯が命中した際に流体のように振る舞う鋼板、硬くて亀裂が入り割れていくセラミックなど、破壊のされ方が異なる素材を組み合わせることで、運動エネルギーを減じて貫徹力を失わせる。素材の組み合わせ方は機密のために不明だが、単なる鋼板の装甲に比べて数倍の防御力があるとみられる。

現在の戦車の装甲板は、（軍事機密なので詳しいことは分からないが）車体全体は鋼

※**チョバム・アーマー**
現在では広く複合セラミック装甲を指す言葉になっている。左写真は世界で最初にチョバム・アーマーを装甲に採用したとされるアメリカ陸軍のM1エイブラムス。

板、車体や砲塔の前面など砲撃を受けやすい場所はより強固な複合装甲を使っており、それらも取り替え可能なモジュラー装甲となっている。これは新型装甲が出たときに簡単に交換できること、破損した複合装甲を簡単に取り替えられることによる。ゲリラが多い場合などは、空間装甲や爆発反応装甲などの無反動砲の成形炸薬弾対策が主になされる。

なお、宇宙空間で新素材を作る実験はいくつも行なわれている。

1960～70年代のアポロ計画、スカイラブ計画の中でもすでに無重力環境下での新素材合成の実験、研究が実施されており、スペースシャトルの飛行中、さらには国際宇宙ステーションでも新医薬品や半導体材料の研究が行なわれている。

そうした研究は民間でも進められており、2022年にはイギリスの衛星開発企業であるスペースフォージ社が、無重力下で半導体や**合金**※を製造するための衛星を打ち上げると発表して話題になったことがあった。残年ながらその衛星の打ち上げは失敗したようだが、同社は今後も研究開発を続けていくという。

※**合金**
宇宙空間で合成されることから、「宇宙合金」などと呼ばれることもある。

【第二章　宇宙世紀の技術】

スペースコロニーとその歴史

12

宇宙世紀の人類の居住地

ガンダムの主要な物語の舞台となるスペースコロニー。この宇宙に浮かぶ構造物によって、ガンダム世界の人類は初めて地球以外の場所で子孫を残し繁栄する手段を得た。

一基の**コロニー**※には最大で数千万人が生活し、そのコロニーが数十基集まって一つのサイドを形成している。一つのサイドは、それぞれのコロニーに農業プラントや工業プラントを持つこともあり、それ自体完結した生存圏として機能する。そのサイドが地球を中心に7つ作られている。

各サイドはラグランジュ・ポイントと呼ばれる地点に設置されている。ラグランジュ・ポイントとは、地球と月の重力バランスから、相対位置を変えずに安定して地球を周回

※**コロニー**
ガンダム世界では「バンチ」と呼ぶ。実際には再現された自然の割合が高いコロニーもあり、限界まで住人を詰め込んだバンチばかりではない。

DATA

スペースコロニー

オニール型コロニーの想像図

増えすぎた人口を宇宙に移すために建造した宇宙植民地施設。巨大な円筒形の建造物で、内壁に地球環境を再現。居住区画を回転させることで遠心力で内壁に擬似重力を発生させている。

【スペック】
全長：32㎞（後期型は約40㎞）
直径：6.4㎞

する軌道を回れる点のことで地球の周りに五か所ある。この五か所に7つのサイドを配置している。一年戦争中に壊滅したサイドを再建するなどしたため、のちの作品で名称が変わっているサイドやバンチは多い。

作中よく登場する**島3号型コロニー**※の本体は全長32キロメートル、直径6・4キロメートルの円筒形をしており、これに宇宙港やプラントが取り付けられている。

この円筒の内側が大地であり、これを回転させることで遠心力によりほぼ1Gの擬似重力を発生させているため、基本的には地上にいるのとなんら変わらない生活を営むことができる。

島3号型コロニーの特徴は、円筒に三か所ほど透明な窓になる部分があり、ミラーの集合体によって太陽の光を反射、その対角線上

※島3号型コロニー
ガンダム世界の象徴ともいえる巨大な宇宙都市。円筒状の居住区画と、その内部に太陽光を取り込む巨大なミラーを持ち、多くのサイドでこのタイプの宇宙都市が建造されている。コロニー公社が建造、管理を担当している。

にあるコロニー内に取り込めることである。人工の大地とはいえ、内部には草木も生え、人体の健康維持にも適度な紫外線が必要であり、太陽光をコントロールしながらコロニー内に導くのは重要なことであった。ただし、この構造では太陽光が透過する窓の部分に街を作ることができず、理論上、円筒内に建設できる街の面積が半分になってしまうのが欠点であった。ジオン公国のあったサイド3では、窓を排し、完全に密閉した密閉型コロニーが使われていたが、これは一つのバンチにより多くの人口を住まわせるためであった。

ただし、これでは太陽光が取り込めないため、太陽光に近似する光線を出す強力な照明が必要であった。これには**ミノフスキー物理学による人工太陽灯**※の作成で対応した。

各サイドは理論上は完全に独立した国家として機能する能力を持っていたが、それを地球連邦政府が認めず、植民地とも地方自治体ともいえる状態に甘んじていた。結果的にそれがサイド3をジオン公国に変容させることになるのである。

本来スペースコロニーは宇宙へと羽ばたいてゆく人類の夢の象徴であったし、宇宙世紀という年号自体はスペースコロニー技術の完成をもって元年とされた。しかし、結局は人間の政治という都合に振り回された格好であった。

※**ミノフスキー物理学による人工太陽灯**
採光窓のない密閉型コロニー内部を、太陽と同レベルで明るく照らすために作られた人工の太陽。生き物の健康維持には太陽光に含まれる紫外線や赤外線など各種の波長の光線が必要なため、核融合によって太陽光と同じ成分の光線を出していると思われる。

考察——西暦時代の宇宙コロニー

オニール型コロニーの内部

宇宙生活が見果てぬ夢だった時代から、宇宙で永続的に生活するための研究は行なわれてきた。宇宙世紀の島3号型コロニーは、もともと20世紀後半に活躍した宇宙物理学者※**ジェラルド・オニール**が考案したコロニーをモデルにしたものである。このような円筒型コロニーを総称して「オニール型コロニー」という。

●宇宙で生存することの難しさ

オニール型コロニーの発想は、1970年代中盤には登場している。しかし、人間を宇宙で生活させるという挑戦は困難の連続だった。

初期の有人宇宙船は宇宙空間での滞在時間が十数分から数時間にすぎず、操縦席に座った

※ジェラルド・オニール
（1927〜1992）
アメリカの物理学者。スペースコロニーのアイディアを提唱。その思想は宇宙開発に大きな影響を与えたが、白血病のために死去。その遺灰の一部は宇宙に撒かれた。

スカイラブ

まま飛行して帰ってくるだけだった。

打ち上げられる重量が非常に限られていた当時のロケットでは、宇宙船内に生活空間を作る余裕はないため数日滞在する場合でも操縦席に座りっぱなしである。アメリカのジェミニ宇宙船（1960年台前半）は、宇宙船の歴史の中では傑作機であるが、食事も排便も非常に狭い操縦席で行なわねばならず、ミッションによってはそれが2週間続き、**居住性は最悪**※であった。

宇宙に打ち上げられた、まともな「生活空間」と呼べるものの最初はアメリカの**スカイラブ**※であろう。

スカイラブはもともとはアポロ計画で使われた巨大ロケット「サターンV」の三段目である。20号まで計画されながら17号でアポロ計画が中止されてしまったため、三段目を居住空間

※**居住性は最悪**
ジェミニ宇宙船は2人乗りなので、常にパートナーは隣にいるなか、排便をすることになる。

※**スカイラブ**
アメリカが初めて打ち上げた宇宙ステーション。1973年に打ち上げられ、1979年まで地球を周回した。乗員は3名。「スカイラブ」の「ラブ」は「研究室」の略。その名の通り、ステーション内では様々な実験が行われた。内部には十分な個室がありプライバシーも守られていたため、乗員たちからの評価は高かったという。

兼宇宙実験室に改造して打ち上げたものである。アポロ宇宙船の生活空間がほとんど操縦席しかない窮屈なものであった一方、先端の宇宙船も含む全高110メートルもあるサターンロケットの三段目を改造したスカイラブは、高さ25メートルもあり、わずか3人の乗員はかなり余裕を持って使うことができた。また、長期滞在をしっかりと考慮されており、**無重力用のシャワー**※やメニュー豊富な宇宙食も準備されていた。

宇宙ステーション（完成予想CG）

そうしたゆとりのある空間が確保された理由のひとつには、生活空間の研究という意図もあった。

人類がこれから宇宙に乗り出していくにあたって、ジェミニのようにしかめっ面の相棒と隣り合わせで操縦席に閉じ込められ、食事をしたその座席でそのまま大便をして風呂にも入れないような生活では長期の滞在は不可能である。宇宙空間においての快適な生活の構築は絶対に必要だった。

※**無重力用のシャワー**　シャワーに関しては水滴の拭き取りが手間だったという。無重力下では水は流れていかないため、出した水はファンで吸収するが、残った水滴はすべて拭き取らねばならず、その作業に1時間もかかったという。

スカイラブ計画で宇宙食を用いた地上訓練を受ける乗員たち

●快適さを増していく宇宙滞在

衛生面と食事はその後の宇宙ステーション計画でも重視される。

国際宇宙ステーション※ではトイレ完備、散髪も可能であったが、シャワーはなく、ドライシャンプーと洗剤を含ませた特殊な濡れタオルで体を拭いて清潔さを保っている。

このころには宇宙食はメニューも豊富になり、宇宙開発時代初期のまるでベビーフードを我慢して食べるかのような代物から比べて、かなり改善していた。宇宙には病院はないため、食中毒の発生は致命的であり、厳密な微生物検査が行なわれていたが、それをパスしていれば、地上で食べるのとさほど変わらないもの（多くはレトルトや缶詰であるが）を食べることができた。

ガンダム本編では、ランチプレートに盛られたペースト状の宇宙食を食べていたが、

※**国際宇宙ステーション**　アメリカのNASA、ロシアのロスコスモス、日本のJAXA、ヨーロッパのESA、カナダのCSAが参加する多国籍の宇宙ステーション開発プロジェクト。西暦1998年モジュール打ち上げ開始、2011年完成。

あれはSF映画の名作『**2001年宇宙の旅**』※（1968年）のオマージュで、作中の宇宙食を引用していると思われる。他にもハンバーガーを食べているシーンもあるが、食べている物自体は現実の方が先を行っている。

宇宙ステーションの技術自体は、有り体にいって停滞の時代が続いたといわざるを得ない。先進各国が協力して建造した国際宇宙ステーションでさえ、結局計画時の規模まで施設を拡大することができなかった。一つには資金が非常にかかることと、また本格的な宇宙時代がくるにしてもかなり先とみられており投資に見合うリターンが望めなかった点などから、「税金の無駄遣い」という批判を受けやすかったことによる。

宇宙開発のための月周回軌道ステーションが完成するのは、2030年代ではないかといわれている。オニール型コロニーが完成を見るのは、それよりはるか未来の話となりそうである。

※**2001年宇宙の旅**　スタンリー・キューブリック監督のSF映画。作中には液体宇宙食、サンドイッチ型宇宙食など、何度か食事のシーンが出てくる。なかでもディスカバリー号で、トレイに入れられたゼリー状の宇宙食を、デイブとフランクが食べるシーンは有名で、後世の多くの作品でオマージュされている。

【第二章　宇宙世紀の技術】

ミノフスキー粒子と電子戦の歴史

13

常識をリセットした革新的な超兵器

発見者、発明者の意図に関わらず、革新的な発見はあらゆる方面に影響を与えるものである。宇宙世紀の歴史を変えるほどの大発見であるミノフスキー粒子と**ミノフスキー物理学**※は、その最たるものといえよう。

平和利用に使えば無尽蔵のエネルギーも作れるミノフスキー粒子だが、その最も革新的な影響は軍事技術に現れた。一定濃度以上に散布されたミノフスキー粒子はＩフィールドと呼ばれる立方格子状の構造を取り、電磁波の伝播を妨害する性質があることがわかると、すぐに通信、およびレーダー妨害の手段として着目されるようになる。

ミノフスキー物理学以前の旧時代の兵器は、味方との密接な情報共有と誘導兵器で

※**ミノフスキー物理学**
20ページの注釈欄参照。

DATA

Iフィールド

ミノフスキー粒子

ジオン公国の物理学者トレノフ・Y・ミノフスキーによって発見された粒子。散布することで広範囲に電波障害を引き起こす。一年戦争開始当初、ジオン公国軍はミノフスキー粒子を駆使して地球連邦軍の誘導兵器と情報連携を無力化させることに成功。新兵器のモビルスーツを投入することで圧倒的な勝利を得た。

成り立っていた。目標がどこに存在し、誰が何を使ってどの目標を攻撃するかを瞬時に判断、共有し、照準も誘導もコンピューターがレーダーを用い、人間をはるかに超える速度で情報を処理する。人間の仕事は攻撃したい目標をコンピューターに伝えることくらいといってよかった。

もし、この体系に「絶対的な電波妨害手段」が放り込まれたら、すべての前提が崩壊してしまう。そのすべての前提を崩壊させるミノフスキー粒子は、まさに革新的な超兵器だったのである。

ただし、ミノフスキー粒子はそれだけでは、革新的新兵器にはなり得ない。

たとえるならミノフスキー粒子は、有視界戦における**煙幕**※のようなもの。単に散布しただけでは味方にも悪影響があるし、奇襲前に

※**煙幕**
味方の部隊の位置や活動を隠蔽するために、煙を発生させること。古くはモンゴル帝国がポーランドに侵攻したワールシュタットの戦い（1241年）でモンゴル軍が煙幕を使用したという記録がある。

大規模に散布をすれば敵に攻撃を悟られてしまう。この革新的新兵器を最大限に利用するには、混乱する敵の中で自分たちだけが自由自在に動ける特殊兵器が必要だった。

ミノフスキー物理学発祥の地であるジオン公国は、ミノフスキー粒子とその利用法に関する研究が地球連邦よりも一歩進んでいた。そして、ミノフスキー粒子散布下で有効な攻撃が行なえる兵器として、モビルスーツが開発されることになる。

情報共有と誘導兵器が封じられた地球連邦軍がどうなったかは、もはや詳しく語る必要もないだろう。戦闘はモビルスーツのワンサイドゲームになった。そして、このミノフスキー粒子がきっかけとなり、モビルスーツは急速に発達していくこととなるのだ。

考察――西暦のレーダーと妨害兵器の歴史

ミノフスキー粒子は、現代に置き換えるとレーダーの探知妨害兵器とみなすことができる。現実世界の探知妨害兵器はどう進化したのか。その歴史を振り返ってみよう。

●敵機の襲来を音で探知する

まだレーダーが存在していなかった20世紀初期、戦場では**有視界戦闘**[※]が繰り広げられ

※**有視界戦闘**
敵機を目視できる近距離で行う戦闘のこと。目視できない遠距離での戦闘は、有視界外戦闘という。

ていた。姿が見えない遠方の敵を発見するのに、頼りになったのは音だった。遠くから聞こえるエンジン音を探知することで敵機の存在を知ったのである。

その代表的なものが、第一次世界大戦時にイギリスがドイツの※**ツェッペリン爆撃飛行船**の存在を探知するために使用していた※**巨大なコンクリートブロック**だろう。

イギリスの東ヨークシャーに残る音響ミラー（©Paul Glazzard）

このコンクリートブロックは海側の面にくぼみが設けられており、イギリスの沿岸部に並べられていた。ブロックの前には聴音員が待機しており、くぼみで集めた音を特殊な聴音器で捉えると、敵が接近時におおよその距離と方角を探知することができたのだ。

また、巨大なラッパ状の装置を空に向け、上空の音を聞く大聴音機という装置も存在した。原始的な機器のようだが、第二次世界大戦時には機械式計算機と連動し、敵の現在位置を正確に予測した。十数キロ先の飛行機のエンジン音は届くのに時間がかかるため、実際の現在位置

※ツェッペリン爆撃飛行船
ドイツは第一次世界大戦でツェッペリン飛行船を爆撃機として運用。イギリスやフランス、ベルギーなどに大量の爆弾を投下している。

※巨大なコンクリートブロック
英語で「Acoustic mirror（＝音響ミラー）」という。上の写真の音響ミラーの高さは4・5メートルある。

とズレた方向から聞こえてくるが、その位置を割り出す高度なものも登場している。

●レーダーの登場

上空に向けて電波を発射し、帰ってきた反射で敵機の存在を探る装置、すなわち**レーダー**[※]が実用化されたのは第二次世界大戦の頃である。

レーダーの研究で一歩進んでいたのはイギリスで、早期警戒レーダー網を大規模に設置し、ドイツ軍爆撃機を探知し、速やかに司令部に通報するシステムを構築、直ちに味方の戦闘機隊が迎撃に出ることでドイツ空軍に大打撃を与えた。

当時のプロペラ戦闘機では爆撃機の飛行高度まで上昇するまでにある程度の時間を要した。戦闘機が発進準備をしてパイロットが乗り込む時間を考えると、レーダーで早期に敵を探知できるかどうかで味方が受ける損害に大きな差が出たのだ。

また、この頃には電子技術は探知だけでなく、攻撃にも使われるようになる。

たとえば、イギリス軍は爆撃機体の先導機から電子信号を発していた。その信号を離れた2局の受信局で受けることで、信号が送られた先の交点、すなわち先導機の現在位置を把握。爆撃機を目標地点に正確に誘導することができたのである。

その後、レーダー技術は第二次世界大戦中に急速に広まり、各国が使用するようになる。

※レーダー
電波の測定技術の開発に関しては、当時、日本は世界に先んじていた。1925年には東北帝国大学の八木秀次教授らが指向性短波アンテナ（八木・宇田アンテナ）を発明。イギリスなど欧米はいち早くその技術を航空機のレーダーに転用している。

敵も味方もレーダーを使うようになると、当然これを妨害する技術も発達する。

ドイツ軍のレーダー網を混乱させるためにイギリス軍が使ったのが「ウィンドウ」と呼ばれるアルミ箔が貼り付けられた細長い紙片である。これはドイツ軍のレーダー波の波長と同じ長さにカットしてあり、空中から投下してばらまくとレーダー画面に余計な反射が入り使用不能になってしまうのである。このように軽い小片に金属箔を貼り、大量に散布することで敵のレーダーを欺く兵器を「**チャフ**※」といい、20世紀も後半になるとレーダー誘導の追尾ミサイルをかわすために戦闘機に搭載されるようになる。

電子戦機としても使用されたA-3 スカイウォーリアー（EKA-3B）

●特殊兵器「電子戦機」

電子機器が発達した20世紀後半には電子戦も高度化し、電子戦を専門に行なう「電子戦機」という特殊な攻撃機が開発される。多くは既存の輸送機や攻撃機を改造したもので、敵の

※チャフ
ちなみに熱感知式のミサイルを欺くために燃える発煙弾を撒き散らす装備をフレアという。左写真はフレアを放出するAC-130ガンシップ。

世界で初めて実用化されたステルス機「F-117ナイトホーク」（※）

レーダー施設にレーダー波の反射以上の電波を浴びせ、味方部隊の規模や位置、距離を判別不能にする、偽の位置情報を紛れ込ませるといった攻撃を行なう。

無人機が実戦に使用され始めると、無人機に電磁波を浴びせて、故障させたりコントロールを奪うような攻撃が様々に研究された。

現代では、地上基地、艦船の火砲の照準もレーダーと連動しており、レーダーで探知した敵のミサイルをコンピューターで脅威度判定し、自動照準によって機関砲で撃墜するなど、人間の能力では不可能な戦闘もできるようになった。

一方で、主に航空機などがレーダーに探知されにくくなる「ステルス」技術も発達。これは機体が受けた敵のレーダー波を減衰させたり、あらぬ方向に反射を返したりして、敵のレーダーに映る反射信号を小さくするというもので、戦闘機でも反射信号が小鳥並みに小さくなるとされている。そうして探知

※**F・117ナイトホーク**　ロッキード・マーティン社が開発した世界初のステルス攻撃機。1981年に初飛行し、1983年から アメリカ空軍で運用が開始したが、1988年に情報が公開されるまで秘匿されていた。2008年に退役。

技術と探知回避技術のいたちごっこが続く中で、ガンダムの世界では宇宙世紀を迎えたようだ。

地上と異なり遮るものがない宇宙空間では本来レーダーは使い放題であり、実際ミノフスキー粒子とモビルスーツ登場前の宇宙艦艇は無敵を誇っていた。連邦軍のコンピューター制御、レーダー照準の巨砲と誘導ミサイルで重武装した宇宙艦艇は「大艦巨砲主義」というノスタルジックな呼称で揶揄されるが、19世紀末から20世紀初頭の戦艦全盛時代にはそれが正解であるとみなされたように、宇宙世紀初頭においても連邦軍の大艦巨砲主義は正解であったのだ。

しかしミノフスキー粒子はすべてを変えてしまった。いや、変えたのではなく、リセットしたのかもしれない。布と木と鋼管でできた複葉機で視力を頼りに機関銃を撃ち合い、聴力だけを頼りに敵の位置を探った時代に……。

米海軍のステルス艦（※）「ズムウォルト級ミサイル駆逐艦」

※**ステルス艦**
ステルスというと航空機のイメージがあるが、ステルス性を持つ軍艦も登場している。レーダーの反射断面積を減らすために船体に直線や平面を取り入れたり、レーダー波を吸収する特殊な素材で船体を覆うなどして、ステルス性を獲得している。

【第二章　宇宙世紀の技術】

ミノフスキー&イヨネスコ型熱核反応炉と西暦の核融合研究

14

モビルスーツを実現させた驚異の技術

宇宙世紀の世界において、大規模発電の多くを担うのはミノフスキー博士と共同研究者のイヨネスコ博士が中心となって開発されたミノフスキー&イヨネスコ型の核融合炉である。**核融合**[※]とは軽い原子の原子核が融合し、より重い原子になる時、質量の一部がエネルギーに変換され放出される現象をいう。

これらは20世紀の大物理学者アルバート・アインシュタインが導き出したE=mc2という関係式による。この関係式は「熱と質量は等価である」という宇宙の根本的な法則を表したもので、たとえばリンゴ一つ分の質量が消滅して熱エネルギーに変換された場

※**核融合**
ちなみに重い原子が分割される時、原子核を結びつけていた結合エネルギーが放出される現象を核分裂という。

DATA

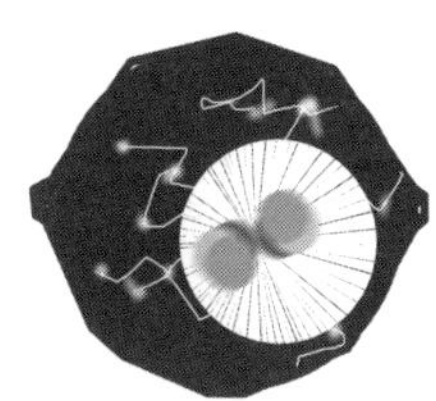

ミノフスキー&イヨネスコ型熱核反応炉

宇宙世紀の基幹技術。Iフィールド内で重水素とヘリウムを核融合反応させることで、エネルギーを直接電力に変換させることができる。この技術によって、核反応炉の小型化に成功。モビルスーツや艦艇をはじめ、様々な機械に使用されている。

合、都市一つを消し飛ばせる破壊力となる※。

核融合反応を繰り返し、我々に太古の昔からエネルギーを供給し続けているのが太陽である。

太陽を含む恒星は自身を構成する物質の原子を、その強力な重力によって閉じ込め、核融合による超高温によってさらなる核融合を引き起こし、何億年も燃え続けている。

それを地上で行なうのが核融合炉である。ガンダム世界でモビルスーツに搭載できるまでに核融合炉を小型化することができたのは、ミノフスキー粒子の発見で知られるトレノフ・Y・ミノフスキーによる一連の研究があったからだ。

詳しい解説は「ミノフスキー粒子」の項に譲るが、宇宙での原因不明の電波障害の原因を未知の粒子に求めたミノフスキーは、仮定

※都市一つを消し飛ばせる破壊力
第一章「ブリティッシュ作戦と西暦の大量破壊兵器の恐怖」（83ページ）参照。

の粒子としてミノフスキー粒子を導入する。ミノフスキー粒子は一定の濃度の時「Iフィールド」と呼ばれる立方格子状の配列を作り、電磁波の伝達を妨げるとされた。この理論はある程度の支持もあったが地球では相手にされず、サイド３「ムンゾ」、後のジオン公国において**ミノフスキー物理学会**※が設立されることになる。このことは後に勃発する一年戦争において、ジオン軍にモビルスーツという新兵器をもたらすきっかけとなる。

ミノフスキーはこの仮定の粒子が実在することを信じ、それが実在することが前提となる、Iフィールドによるプラズマ閉じ込め型の核融合炉を設計、宇宙世紀００４７年に完成させる。これがミノフスキー&イヨネスコ型熱核反応炉である。

この実験炉は見事に稼働したが、そこから炉内の特殊電磁波効果が観測されるのに18年、ミノフスキー粒子の存在が実証されるのにそこからさらに4年がかかったという。つまりミノフスキー粒子が発見されたから反応炉が完成したのではなく、ミノフスキー粒子を発見するための実験装置として、最初の炉は作られたことになる。この発見によって、宇宙世紀の世界では電気はほぼ無尽蔵に手に入る資源となったのである。

ザクに搭載された**MYFG・M・ES系ジェネレーター**※は身長約18メートルの人型兵器に搭載できるほど小さく、それでいて全身を駆動させるのに十分なエネルギーを発生させる。

※**ミノフスキー物理学会**
後のミノフスキー&イヨネスコ公社。

※**MYFG・M・ES系ジェネレーター**
ザクⅡなどに搭載された小型核融合炉。大きさはおそらく直径2〜3メートル前後と思われるが、18メートルの大型ロボットを動かしてあまりある出力を持つ。

ただし欠点もあり、敵の攻撃がジェネレーターを直撃した場合、通常兵器と比べて機体の規模からするとあり得ないほどの大爆発を起こしてしまう問題があった。現に（正式に記録されている）初のモビルスーツ同士の実戦であるサイド7の戦いにおいて、ガンダムのビームサーベルに切断されたザクは、コロニーの壁に穴が開くほどの大爆発を起こしている。

考察――現実世界の核融合炉の現在

いまだ核融合炉の実用化を達成していない現実世界では、その実現に大変な試行錯誤が繰り返されている。

●夢のエネルギー源、核融合反応

核融合の燃料となるのは主に質量が軽く核融合反応を起こしやすい水素やヘリウムの同位体である三重水素やヘリウム3である。現実世界にはヘリウム採取を行なう**木星船団公社**[※]はないので、有力な燃料の候補は海水に含まれる重水素とリチウムから作る三重水素であった。これは世界中の電力を賄っても1億年持つと期待されている。

※**木星船団公社**
核融合炉の燃料であるヘリウム3を採取するため、巨大な輸送船ジュピトリス級を木星と地球の間で運行している組織。地球を遠く離れ、ほとんど宇宙船内だけで生活するため、乗組員の中にはニュータイプ能力に目覚める者や、パプテマス・シロッコのように過激な思想に傾倒する者もおり、特に「木星帰り」と呼ばれることがある。

アメリカのサンディア研究所の核融合実験装置Ｚマシン（※）

重い原子を分裂させる核分裂は比較的たやすく発生させることができる。１９４５年にはすでに実戦に核兵器が使われているし、出力を精密にコントロールする必要がなければ、核融合を利用した爆弾、いわゆる水素爆弾も１９５０年代には完成していた。

核融合は恒星のエネルギー源であるが、文字通り恒星内部のような高温高圧の環境下でしか発生しない現象である。

水素爆弾が早くに実用化できたのは、核分裂を使った原爆を起爆装置に使えたからである。つまり核爆発による高温高圧によって、核融合反応を引き起こし、さらなる巨大なエネルギーを引き出したのが水素爆弾なのだ。

当然、発電所の建屋内で核爆発を利用するわけには行かず、熱や中性子を完全に封じ込めた炉の内部で、一億℃の※**プラズマ**を維持しなければならない。原子はお互いに正の電荷を持つため、単純に近づけても反発しあい融合することはない。これを融合させる

※**Ｚマシン**
アメリカのサンディア国立研究所が保有する核融合実験装置。強力なＸ線で物質の爆縮を起こし、極度に高温・高圧の状況を作り出すことができる。

※**プラズマ**
プラズマとは固体、液体、気体に次ぐ物質の第四の相。気体をさらに高温にすると現れる。

には超高温で運動させ、かつ高密度に圧縮しなければならないからだ。

しかし、一億℃のプラズマにはどんな容器も耐えられないし、プラズマに削り取られた容器の破片は「不純物」としてプラズマに混ざり核融合を妨げる。そこで、ドーナツ状の真空容器を作り、その容器に電線を巻きつけて電磁石とし内部に磁力線の壁を作る構造にした。プラズマは磁力線に沿って移動する性質があるため、内部に封じ込められたプラズマは直接真空容器の壁に触れる心配はないのだ。これをトカマク型核融合炉という。

実験用トカマク核融合炉 DIII-D（※）の反応室（©Rswilcox）

●高出力レーザーで核融合を起こす

また、ペレットと呼ばれる燃料カプセルに、高出力レーザーを照射して核融合を起こすレーザー核融合という方法もある。

燃料ペレットは、固体化した重水と三重水素のカプセルで、これに強力なレーザーが照射されるとカプセル表面がプラズマ化して膨張、結

※**実験用トカマク核融合炉DⅢ-D**
アメリカのサンディエゴにあるゼネラル・アトミックス社が運営する実験用核融合炉。1980年代後半から研究に使われてきた。特徴的なトーラス形のチャンバーはグラファイトで覆われており、高熱に耐えることができる。

ローレンス・リバモア国立研究所（※）の国立点火施設

果としてカプセル内部は表面の膨張に押されて急激に圧縮される。これを爆縮という。

　爆縮によって高温高圧という核融合に必要な環境が達成されて、核融合が起こるのだ。

　トカマク型にしろレーザー核融合型にしろ、入力した電力を超えるエネルギーが取り出せないと発電所とはいえない。また、装置自体も大工場並みの巨大なものにならざるを得ず、実用化には困難が伴う。

　だが、完成したときの利益は計り知れず、地球上のエネルギー問題や、それに付随する地政学的な政治問題をも解決する可能性があるため、現在も世界中で研究が続けられているのである。

※ローレンス・リバモア国立研究所
アメリカのカリフォルニア州にある国立の研究施設。2009年に世界最大のレーザー核融合施設である国立点火施設（NIF）が完成した。

【第二章　宇宙世紀の技術】

ノーマルスーツと宇宙服の進化

15

宇宙世紀にとって欠かせない技術

宇宙居住者にとって、最も身近な宇宙用機材といえば、紛れもなく**ノーマルスーツ**※である。ノーマルスーツは軽量化された宇宙服で、宇宙空間にあっては極端な高温や低温、放射線、紫外線等から人体を守り、1Gの環境下でも体の負担にならない程度の重量しかない。宇宙居住者にとっては万が一の事故の際には最後の命綱であり、身につけていると精神的な安心感があることもあって、ジオン兵には地上でも戦闘服がわりにノーマルスーツを身につけて戦う者も多かった。

ノーマルスーツは体にフィットした薄型の軽装型と、より頑丈な重装型があり、軽装型は主に素早く体を動かしたり狭い操縦席に乗り込む必要がある突撃隊員やパイロット

※**ノーマルスーツ**
ノーマルスーツという呼び名はモビルスーツという兵器が出現したことによって、混同を防ぐために後から通常のスペーススーツを〝ノーマル〟スーツと呼び習わすようになったものである。

DATA

ノーマルスーツ

宇宙世紀の宇宙服。モビルスーツや戦闘機のパイロットなどが着用する薄手の「軽装型」と、宇宙艦の乗員や作業員などが着用する厚手の「重装型」がある。色に関しては豊富なバリエーションがあり、地球連邦軍は白やオレンジ、黄色、ジオン軍は濃い緑などを着用している。

が着用し、重装型は宇宙艦艇の乗組員が着用することが多い。

軽装型はやや強度が低く、作中でも人間同士の格闘戦やモビルスーツの操縦の最中ダメージを受けた際に破損している。また軽量型ノーマルスーツには大型の酸素タンクや酸素発生器は装備されておらず、生命維持が可能となる時間がやや短いのが欠点である※。

重装型は体にフィットしないため狭い場所で動くのには不便だが、体にフィットしないが故に大人用のノーマルスーツをカプセルがわりにして、中に幼児を入れて有事に備えさせるといった使い方も可能である。

ノーマルスーツの腰のベルトは小物入れになっており、緊急用の医療キットや空気漏れをふさぐテープなどが収納されている。

ヘルメットの透明なカバーは開閉可能で、

※**生命維持が可能となる時間がやや短い**
一概に短いとはいえず、機種によってその時間は異なる。

これは空気がある区画と真空の区画を行き来する宇宙居住者特有の事情によるもので、空気がある区画ではカバーを開けて会話し、区画内の空気を呼吸することができた。

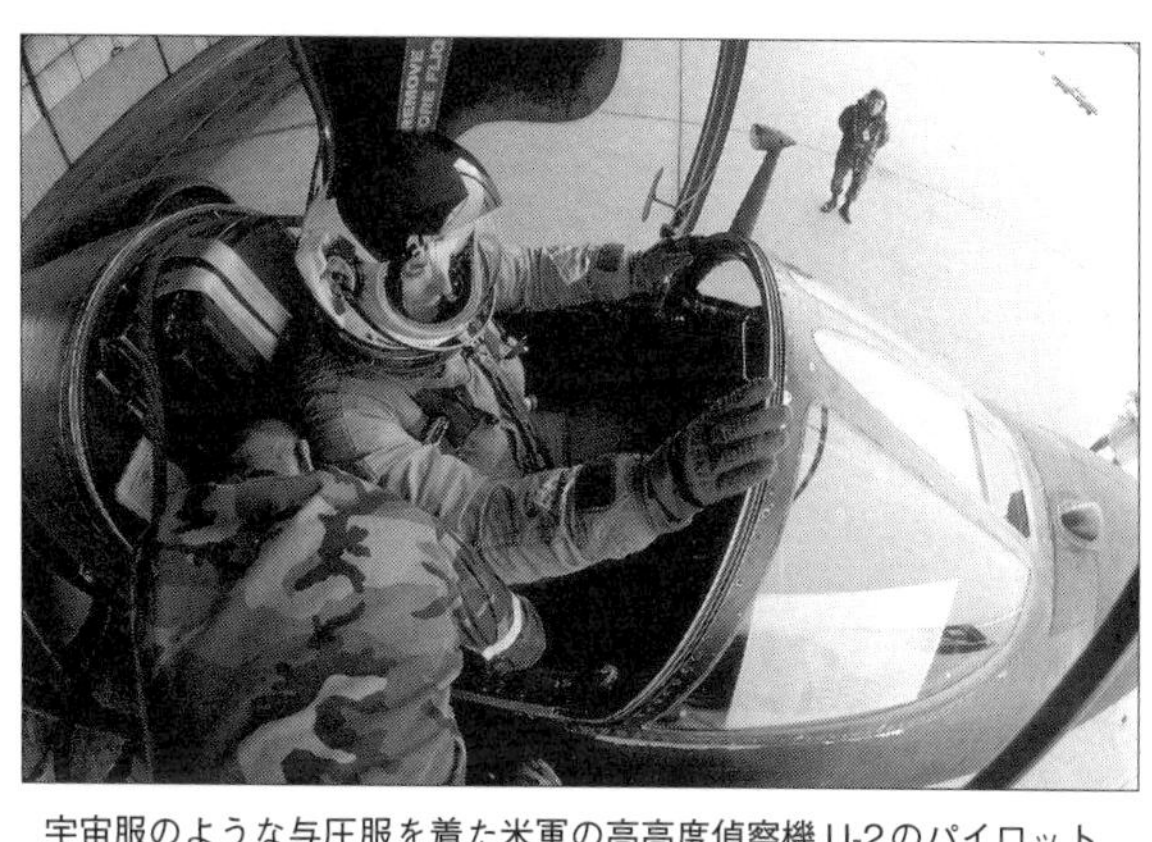
宇宙服のような与圧服を着た米軍の高高度偵察機U-2のパイロット

考察――西暦時代の宇宙服

ノーマルスーツは宇宙世紀にふさわしく完成された宇宙服であるが、現実世界の宇宙服は非常に高価で、また到底〝服〟と呼べるような物ではなかった。

●宇宙服の進化の過程

人類が宇宙に行く前から、宇宙服のような装備は存在した。1万メートルをゆうに超える高高度を飛ぶ軍用機の場合、与圧服を身につけて高空の低い気圧、低温、低酸素から身を守る必要があった。

※1万メートルをゆうに超える高高度
軍用機の飛行高度は作戦によって変わるが、U・2（左）やSR・71などの高高度偵察機の場合、飛行高度は2万メートルを超えており、窓の外の景色はほとんど宇宙空間に近い。

アポロ11号の月面着陸で船外活動を行うバズ・オルドリン

与圧服は機密服とヘルメット、酸素マスクを組み合わせたもので、構造としてはすでに宇宙服に近い物だった。この与圧服が宇宙船のパイロットスーツへと進化していったのだ。

宇宙の環境から人体を守るには、太陽光線に宇宙服内部の気温が左右されてはいけない、強力な紫外線から目を守らなければいけない、多少の物理的打撃を受けても破損してはいけないなど、様々な課題がある。

意外なところでは装着者自身、つまり人体から出る熱も問題で、周囲が※**熱伝導の起こらない真空**である宇宙では、魔法瓶のように内部に熱がこもり続けるため、自分の体温で死んでしまう。そのため宇宙服を着る際は、まず冷却水が循環するシャツを着なければならない。

月面着陸を成し遂げたアポロ計画から21世紀初めの頃の宇宙服を見てみると、洗練されたノーマルスーツとはかなり異なる重厚で無骨な物だったことがわかる。

※**熱伝導が起こらない真空**　熱は分子同士が接することで伝わるため、分子の存在しない真空中では熱は伝わらない。その仕組を利用したのが魔法びんで、内瓶と外瓶の間に真空を作り出すことで、熱伝導を防いでいる。

60年代の宇宙服とその改良型が使われていた21世紀初めの宇宙服は、外部環境から宇宙服内部を守る頑丈な層と、空気を溜めて内部環境を快適に保つための層の**多重構造**※で、その中に先ほどの冷却シャツを着て入り込む構造だった。

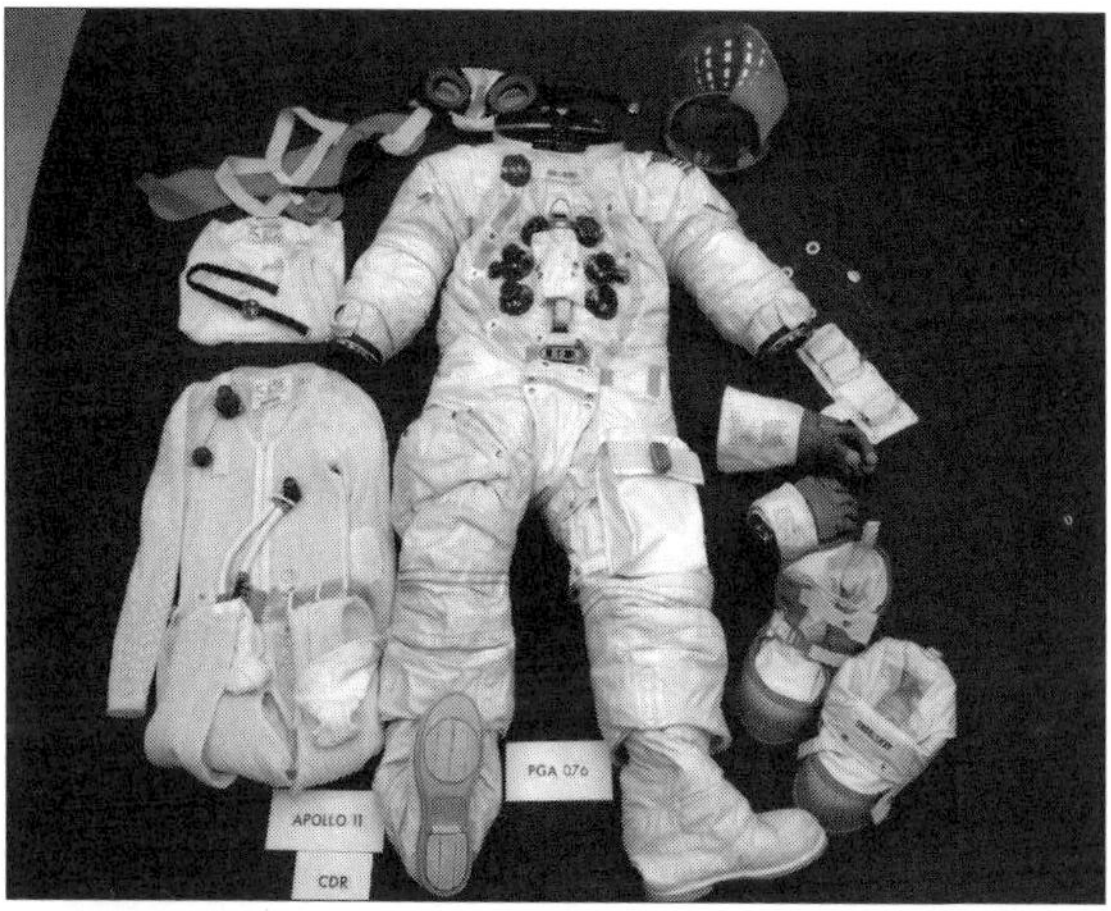

アポロ計画で使用された宇宙服一式。左下にあるのが冷却シャツ

　ヘルメットはポリカーボネート製で、さらに太陽光から顔を守るための可動式のサンシェードが取り付けられており、任意に引っ張り出したり収納したりできる。ちなみにノーマルスーツのようにカバーを開けて素顔を出すような機能はない。

　手袋も頑丈で分厚いが、指先にシリコーンのキャップがはめられており、多少の細かい作業が可能となっている。背中に装着する生命維持装置は酸素や冷却シャツの冷却水の温度管理など生命維持に関わるほか、コンピュータなども格納されており、宇宙服全体の重量は100

※多層構造
ケプラー、マイラーフィルムといった頑強で耐熱性の高い素材を、14層から20層も重ねて作られており、分厚い鎧のような物だった。

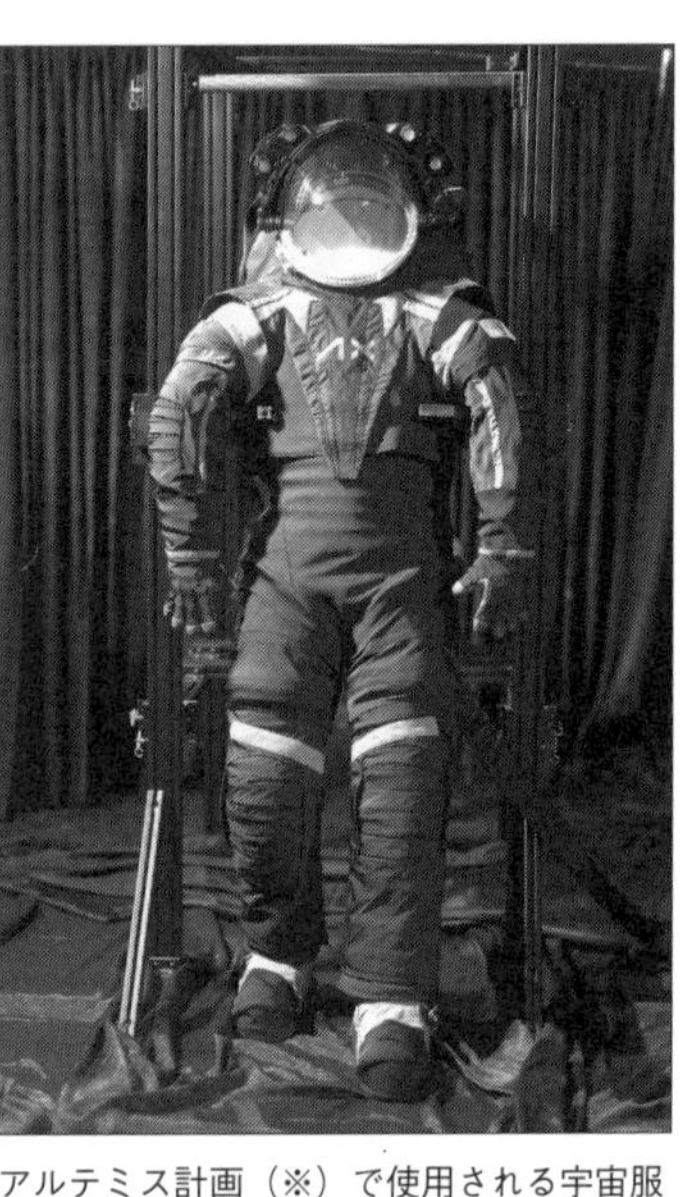
アルテミス計画（※）で使用される宇宙服

キロを超えている。

このように宇宙服は、服というよりも、体を包む構造になっている一人乗りの宇宙船とでもいうべきものだった。

宇宙服の内部は、宇宙船内と同じ1気圧にするのが望ましい。しかし、それでは空気を閉じ込めている気密層が風船のように膨れてしまい、装着者が関節を曲げることすら困難になってしまう。そこで宇宙服内部を0・3気圧に下げて対応しているが、そのままでは酸欠になってしまうため、宇宙服の内部を純酸素で満たして酸素分圧を調整し、気圧が低くても酸欠にならないようにしている。

それでも宇宙服を着て動くのは体力を要し、手を握るだけでゴムボールを握り込むくらいの握力が必要であった。

※アルテミス計画
アメリカ政府が出資する有人月面着陸計画。計画はＮＡＳＡが主導し、欧州宇宙機関、日本のＪＡＸＡなどが参加している。当初は２０２４年に月面着陸するという目標だったが、早くとも２０２５年以降になるという。

●一人乗りの宇宙船から軽量な宇宙服へ

宇宙服はこのように着て動くだけで体力を消耗するような代物であり、この作業性の低さをなんとか解決しなければならなかった。これを解決する方法として21世紀の初めから研究され始めたのが、装着者に密着するタイプの宇宙服である。そもそも人体は1気圧の圧力がかかる前提でできている。血液中に溶け込んだ気体は周囲の気圧が低くなると気泡に戻る性質があり、生身のまま真空中に放り出されると致命的な血栓ができてしまう。※0・3気圧の宇宙服であっても気圧が相当に低いことは変わらず、船外作業を始める前と終わった後、宇宙船と宇宙服の気圧の変化に体を順応させる工程（2時間以上かかる）が必要で、これも作業性を損なう原因であった。

この宇宙服内の気圧の代わりに、宇宙服そのものを肌に押し付けて圧力を加えようという宇宙服が発案されたが、その概念に明確な名称がなく研究者によって「**バイオスーツ**」※「ソフトタイプ宇宙服」「スキンタイト宇宙服」などという呼び名が混在している。いずれも強靭でかつ適度に人体を締め付けることで圧力を加える構造になっており、それまでの深海用潜水服のような重厚な宇宙服に比べ、飛躍的にスマートで軽量であり、まさにノーマルスーツそのものである。だが、バイオスーツはまだ実験段階で、実用化されるまでにはかなりの時間を要すると思われる。

宇宙で日常生活するのなら、いつまでも一人乗り宇宙船のような重厚な宇宙服に頼るわけにはいかない。現実の世界でも軽量な宇宙服を研究する方向に進むと考えられる。

※致命的な血栓ができてしまう
研究から人間は真空下でも数秒なら耐えられることがわかっており、「逆襲のシャア」のモビルスーツを飛び出すシーンは荒唐無稽というわけではない。

※バイオスーツ
マサチューセッツ工科大学の宇宙航空学者デーバ・ニューマンが設計した。特殊素材でできた服を弾性繊維による加圧システムによって身体に密着させる仕組みになっているが、現状ではまだ実用レベルにはないという。

【第二章　宇宙世紀の技術】

ニュータイプと西暦の超能力軍事研究

16

人類のきたるべき進化「ニュータイプ」

かつて、宇宙移民者の自治、独立を主導したジオン・ズム・ダイクンは、人類のきたるべき進化した姿として「**ニュータイプ**※」という概念を提唱した。

それは、宇宙という新しい環境に進出した人類はやがてその環境に合わせて進化し、発達した精神と感性、感受性によって他人と相互理解できるようになり、人類の歴史から争いが永遠になくなる、という希望に満ちたものだった。

もっとも、作品世界中でもこの「ニュータイプ思想」は「理想主義者のたわごと」「オカルト思想」と見る向きも多く、真面目に議論されることは少なかった。そのため、そもそも何を持ってニュータイプとみなすのか、もしニュータイプが実在したとしてどう

※ニュータイプ
後付け設定であるが、『機動戦士ガンダムUC』の物語は、宇宙世紀元年に作られたニュータイプのような人々の出現の予測と、その権利の保護を明記した宇宙世紀憲章が書かれた石板「ラプラスの箱」が連邦に隠蔽されたことが核

DATA

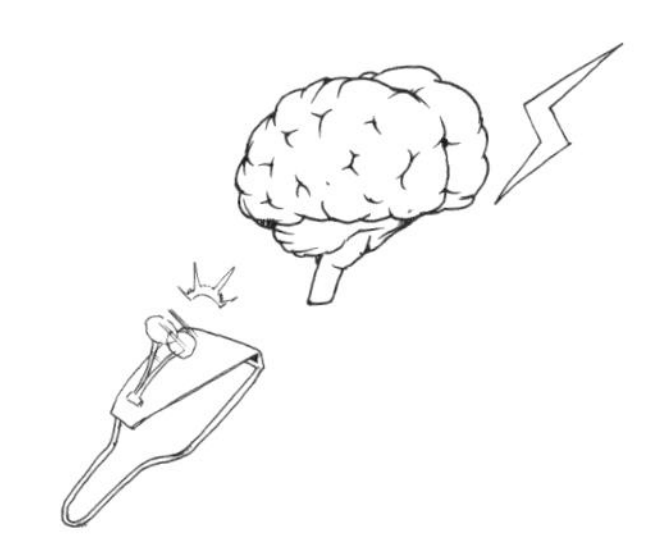

ニュータイプ

最初にニュータイプという概念を提唱したジオン・ズム・ダイクンによると「宇宙で進化し誤解なく相互理解できる人々」、連邦軍士官は「エスパー」、ジオン軍幹部は一種の超人兵士と捉えていたようだが、明確な定義は存在しない。

扱うのか、ニュータイプではない人類はどうなるのか、といった議題について統一された見解は出されていない。要するにあまり相手にされていない思想だったのだ。

しかし、一年戦争が始まると最前線から奇妙な報告がもたらされるようになる。ビーム砲の火線を高確率で回避できる兵士がいるというのだ。

これは敵がビームを発射する前に回避行動を開始しなければ不可能な技で、もちろん科学的に考えてあり得ないはずだった。

連邦軍側はこのことを何かの間違いとしてなかなか認めなかったようである。

ひとつにはこれを認めてしまうとニュータイプ思想を認めることになり、宇宙に進出した宇宙移民者から自分たちより優れた存在が現れたことを認めることにもなるからで、少

心となっている。

なくとも表向きは軍としてニュータイプの研究を行なうことはなかったようである。

一方のジオン側でも上層部全員がニュータイプの存在を肯定していたわけではない。

しかし、もしニュータイプが実在していてもギレン・ザビの選民思想を強化する材料になるだけで、積極的に否定する理由もなかった。

そこで、ニュータイプの「超人兵士」としての可能性に着目していたキシリア・ザビの元、ニュータイプの研究が開始されることになる。この研究を主導したのがフラナガン博士であり、その研究機関を**フラナガン機関**※と呼ぶ。

フラナガン機関の「研究成果」のうち、もっとも有名なパイロットがララァ・スンである。ララァの出自は作品によって微妙に違いがあるため判然としないが、モビルアーマー、エルメスのパイロットになってからの戦績は傑出しており、実際に戦場で戦闘に参加した期間の短さを考えると、**異様なまでの戦果**※を挙げている。

その強さの秘密は、ミノフスキー粒子散布下でも遠隔操作可能なビーム砲「ビット」を複数同時にコントロール可能なことであった。襲われた連邦軍からすれば、敵の気配もないのに突然ビームが飛んでくるという理不尽な状況に突然追い込まれるため、まったく対処のしようがなかったのだ。

もっとも、エルメスに攻撃された宇宙要塞ソロモン（連邦軍に占領されており、のちにコンペイトウと改称される）の兵士は、襲撃時「ララ・ララ」とも聞こえる奇妙な声

※**フラナガン機関**
ニュータイプ能力者の発見、研究と能力開発を目的とした組織。

※**異様なまでの戦果**
ほとんど初陣に近かったララァだが、モビルアーマー エルメスのビット攻撃の威力は凄まじく、戦艦やモビルスーツを次々に破壊、連邦軍側は何に攻撃されたかもわからず「ソロモンの亡霊」と呼んだ。ちなみにその威力を見たエルメスの護衛役の歴戦のベテランパイロットが、嫉妬と自信喪失からやる気をなくす場面があるのが、生々しい人間を描いたガンダムらしい隠れた名場面である。

のようなものを聞いた。

ビットの操作に使われるのは電波ではなく、ミノフスキー粒子のＩフィールド下で伝播する一種の精神波であり、フラナガン機関でニュータイプと定義された被験者には特に強い精神波と、複数のビットを同時に操れる常人離れした反射神経と空間認識能力が備わっており、ララァの強力な精神波が連邦軍の兵士の脳にも影響を与えた、という説もある。

フラナガン機関の被験者には他に**シャリア・ブル大尉**※がいたが、皮肉なことに一年戦争でもっとも戦果をあげたのは、元民間人で自然発生的に出現したニュータイプであるアムロ・レイであった。

ニュータイプとニュータイプ専用機動兵器は時に人知を超えた性能を発揮し軍の上層部を恐れさせ、それ故にニュータイプと専用機の取得に狂奔させることになる。「もしも敵がニュータイプ部隊を持ったら」という恐怖が、自分たちもニュータイプ部隊を持たなくては、という強力な動機付けとなり、戦後の非人道的実験を可能とした。

グリプス戦役を経てネオ・ジオン抗争の頃には「人体実験や精神改造、遺伝子操作の果てに作り出したクローン子ども兵士である**プルシリーズ**※を実戦に投入する」という、人道のかけらもない状態に成り果てていたのである。

※シャリア・ブル大尉
いわゆる「木星帰りの男」で、長期の宇宙生活からニュータイプ能力を見出され、モビルアーマー「ブラウ・ブロ」のパイロット（厳密にはオールレンジ攻撃を行うための砲撃手に近かったが）となる。

※プルシリーズ
人工ニュータイプの研究の末に作り出された子ども兵。12体のクローンからなり、外見は10歳程度の少女の姿をしている。肉体は強化されているが情緒不安定だった。11人は第一次ネオ・ジオン戦争で戦死し、生き残って成長できたのは12番「プル・トゥエルブ」だけだった。

THE CHICAGO SUN, THURSDAY, JUNE 26, 1947

In These United States

Supersonic Flying Saucers Sighted by Idaho Pilot

Speed Estimated at 1,200 Miles an Hour When Seen 10,000 Feet Up Near Mt. Rainier

PENDLETON, Ore., June 25.—(P).

NINE bright, saucer-like objects flying at "incredible" speed at 10,000 feet altitude were reported here today by Kenneth Arnold, Boise (Idaho), pilot, who said he could not hazard a guess as to what they were.

Arnold, a U.S. Forest Service employee searching for a missing plane, said he sighted the mystery craft yesterday at 3 p.m. They were flying between Mount Rainier and Mount Adams, in

謎の飛行物体を見たというケネス・アーノルド（右）と事件を伝える新聞（左）

考察――本当にあった超能力部隊

さて、ニュータイプのようなエスパー、あるいは超能力者を戦争に利用する、という発想は驚くことに現実の世界にも存在した。

国の機関でありお役所である軍隊がそのようなオカルトチックな研究に手を出すのはおかしな話にも思えるが、それぞれに事情はあった。

●アメリカ軍の超能力開発計画

たとえば、アメリカ空軍は1948年から69年までUFOの本格的な調査を行なっていた。

これは古い都市伝説で語られていたようにアメリカ軍が宇宙人と交信していたから……ではなく、1940～50年代は※**アメリカ全体が大UFOブーム**であり、空に〝とてもすごいもの〟を見たんだ！

※アメリカ全体が大UFOブーム　1947年6月24日には、アメリカ人の実業家が自家用飛行機を操縦中に高速で移動する謎の飛行物体を見たというケネス・アーノルド事件が発生。1952年7月には首都ワシントン上空に未確認飛行物体が現れたという「ワ

という報告が当局に殺到していた。空の防衛を預かる役所である空軍は、この膨大な市民からの通報に答える義務が発生してしまったのである。いわば役所の仕事の一環だったわけだが、もちろん軍の内部にも「UFO＝宇宙人由来説」を信じる者もいた。

ベトナム戦争に派遣された米軍の若い兵士たち

　超能力の場合、その存在を信じた将校によって研究が推し進められた経緯がある。

　たとえば1983年、アメリカ陸軍の**アルバート・スタッブルバイン**※将軍が、超能力で壁を通り抜ける実験を自ら行ない顔面を壁にぶつけるというエピソードが残されている。これだけなら笑い話だが、同じ頃陸軍内に極秘の超能力兵士育成部隊が実在しており、スタッブルバイン将軍にもその存在は知らされていなかった。

　そもそもの発端はベトナム戦争である。

　ベトナムで多くの若者を戦死させながら、ついに勝てなかったアメリカ陸軍は、世間の厭戦気分と自らの「力と正義」というアイデンティティーの喪失に苦しみ、うつ病を発症する将兵

シントンUFO乱舞事件」が発生。それらの事件によってアメリカでUFOブームが起きていた。

※アルバート・スタッブルバイン
（1930〜2017）
当初は機甲士官として勤務していたが、その後諜報部に転向。1981年から84年までアメリカ陸軍情報保全コマンド（INSCOM）の司令官を務めた。超能力に関心を持ち、壁を通り抜ける特別な能力を持った兵士たちの軍隊を作ろうとしていたという。

陸軍の超能力研究に参加したインゴ・スワン（※）

が続出した。

その中の1人、ジム・チャノン退役中佐は神秘主義や平和主義、自然主義や東洋思想がごちゃ混ぜになったいわゆる「ニューエイジ思想」の影響を受け、超能力と非殺傷兵器で武装した「戦士僧」の育成を軍上層部に提案。なんとこの提案が一部の上級将校の感動を呼びゴーサインが出てしまう。佐官以上の階級にもベトナムの傷に苦しむ者が多かったのである。

超能力兵士候補生が極秘に集められ、遠隔透視能力の訓練が行なわれたり、特殊部隊の隊員に※**精神世界に詳しい講師たち**からの講義が行なわれるなどした。また、非殺傷兵器として敵を混乱させたり戦闘意欲を失わせる音声や楽曲の研究も行なわれたようである。

結論からいって、この一連の動きは失敗に終わった。「軍部の諜報作戦には役立たない」として、予算を打ち切られたのである。ジム・チャノンが思い描いた高潔な愛と平

※インゴ・スワン
（1933〜2013）アメリカのアーティスト。遠隔透視能力と予知能力を持つと主張。「リモート・ビューイング（遠隔透視）」の名付け親としても知られる。アメリカ陸軍が遠隔透視能力を研究した「スターゲイト・プロジェクト」に参加。このプロジェクトは1995年に「成果なし」との結論で終結している。上写真はインゴ・スワンのHPより。

※精神世界に詳しい講師たち
カルト集団の代表などが講師を務めていたという。

和の戦士僧は誕生しなかったのだ。

同時期、リモートビューイングの研究・開発をアメリカのＣＩＡも行なっていた。実験は１９７０年代後半から行われ、極秘計画「スターゲイト・プロジェクト」として所管機関を変えながら90年代半ばまで続けられた。こちらも最終的には特筆すべき成果を挙げることはできず、「軍部の諜報活動には役に立たない」という烙印を押されて予算を打ち切られている。遠隔透視訓練を受けた兵士が、軍の秘密超能力エージェントとしてメディアに売り込み、※**人気超能力者として大衆にもてはやされる**といった事態が発生したのがせいぜいだった。ソビエト連邦も超能力研究を行なっていたが、こちらも不首尾に終わっている。

非殺傷兵器として音楽を研究するという発想は、のちに捕虜を殺さずに拷問する手段として開花したという説もあり、それが本当なら高潔な理想から始まったものがグロテスクな結果に終わったという点で、アメリカの戦士僧計画もニュータイプ思想と同じ道筋を辿ったということになる。

※**人気超能力者として大衆にもてはやされる**　代表的な人物に、日本の超能力番組にたびたび出演していたジョー・マクモニーグルがいる。マクモニーグルは自著で、陸軍諜報員時代に極秘の軍事遠隔透視計画「スターゲイト計画」に被験者として参加したと記した。番組では的中したことになっていたが、肝心の透視能力はかなり微妙であった。

【コラム3】

特殊兵器マゼラ・アタックの失敗

ジオン軍の地球降下部隊は実に様々な兵器で武装していた。

有名なのはＭＳ‐06ＪザクⅡ陸戦型である。

ザクⅡはガンダム世界において兵器の歴史のみならず、戦争の歴史そのものを変えるほどの革新的な兵器であり、ジオン軍初期の快進撃を支え、あらゆる戦場で勝利を収めていった。

●**重要なのはコストに見合った運用**

しかし、モビルスーツは宇宙船と大型作業機械と戦車を混ぜ合わせたような兵器であるため、一機あたりの生産コスト、運用コストが高いのがネックで、モビルスーツばかりを配備するというわけにはいかなかった。

極端な喩えになるが、けん銃一丁を持ったゲリラ兵を一人倒すのに、わざわざ攻撃機を発進させて空対地ミサイルを撃っていたら、攻撃すればするほど自国の国力が損耗してしまう。

アメリカ合衆国の対テロ戦争のように、大金持ちの国と田舎に潜むゲリラが戦うならそれでもよいのかもしれない。しかし、国力が拮抗、もしくは自国の方が相手国より経済的に小規模な場合は、装備を贅沢におごった高価な大型兵器を大量に生産し、それらの兵器を小規模な戦場にまで投入していては自滅してしまうのである。

第二次世界大戦においても、戦車の戦いは巨大な重戦車だけで行われたものではない。

敵兵が潜む簡易な陣地（単なる土手や砲爆撃で吹

第二次世界大戦中にイギリス軍が開発したビショップ自走砲。バレンタイン歩兵戦車の砲塔を取り外し、オードナンス QF 25ポンド砲を装備している。

き飛んだ家屋の石垣といった程度のもの）を攻撃するのにいちいち重戦車を（その場にすでにいるならまだしも）呼び寄せるわけにもいかないし、時間的にもコスト的にも見合わない。

このような小規模な敵陣を攻撃し歩兵支援を行う軽便な兵器として、旧式の軽戦車に歩兵砲を載せただけの小型の自走砲などが作られた。

これらはもちろん真正面から戦えば敵重戦車にかなうものではないが、そうではなくて、役割にあった最適の規模とコストで生産配備できることが強みであり、実際に役に立ったのである。

●用途不明の兵器「マゼラ・アタック」

ジオン軍においてザクⅡを主力の花形兵器と見た場合、わきを固めて数を補う役割を果たしたのはマゼラ・アタックであった。

マゼラ・アタックは、極めて特異な特徴を持つ戦車である。

全長は実に15・9メートルに達し、連邦軍の61式

（9・2メートル）よりはるかに大きい。なにより異様なのは、砲塔部分が自立したVTOL（垂直離着陸）機であり、切り離して飛行可能なことであった。

この機能、今日に至るまで「はたして必要であったのか、不要であったのか」という議論が絶えることがない。

一応理屈としては、いくつか理由は挙げられる。

ひとつは観測の用途である。

ミノフスキー粒子散布下では誘導兵器は使えず、また着弾観測用の無人観測機も出すことができない。そうなると無誘導で遠距離砲撃をせざるを得ないケースが出てくるわけだが、そうしたときに必要なのが着弾位置の観測だ。敵の位置に対して砲弾が着弾した位置を観測することができれば、砲撃を修正することができる。飛行可能な砲塔は、この観測の用途に使用できる可能性がある。

また、高い位置から砲撃できるというのも利点かもしれない。

戦車は上面装甲が薄い場合が多い。戦車の車体すべてを分厚い装甲で覆うことは、重量的に難しい。そこで統計的に着弾しやすい箇所のみ装甲を厚くするわけだが、上面は砲弾が当たりにくいため装甲が薄い傾向がある。空を飛ぶ砲塔であれば、その装甲が弱い部分を狙い撃ちできるというわけだ。

●活躍できなかった〝矛盾の塊〟

もっとも、これらはあくまで一見不可解なマゼラ・アタックの用途を探るための理屈上の利点である。作中のマゼラ・アタックは、砲塔部分が飛行できる時間は5分ほどで再合体は不可能（可能という説もある）、車体が大きい割に防御力は低く、砲塔部分の防御力はないに等しかった。

そもそも宇宙都市国家であるジオン公国には、大がかりな地上用戦闘車両は必要なかったはずだ。せいぜいコロニー内で発生する暴動などを鎮圧する程度の、機銃の付いた装甲車くらいの規模の車両があれば充分であった。

しかし、地球侵攻作戦を行うとなると、話は別である。地球全土が戦場になるとすると、ザクだけでは数が足りない。当然もう少し低コストの兵器を揃える必要が出てくる。

地球連邦軍の兵力は膨大で、大量の戦車を持っている。ジオン軍はモビルスーツより安く、しかし地球連邦軍の多数の戦車に対して一騎当千の働きをする新戦車を作らなければならなかった。口でいうのは簡単だが、実際に実現するよう命じられた開発現場は相当混乱したのではないだろうか。

私見になるが、マゼラ・アタックは無理難題を無理やり解決しようとして、できることをすべて盛り込み、技術をいじりすぎた結果誕生した〝矛盾の塊〟だったのではないだろうか。

たしかにマゼラ・アタックは機械としての機能を見れば優れている。土台となるマゼラ・ベースはのちにザクタンクのベースとなるほど優れた整備性と堅牢さ、汎用性を持っていたし、砲塔部分にあたるマゼラ・トップは小型ＶＴＯＬ機として、重量バランスの悪い砲身部分を持ち上げて飛び、ある程度の空中発射も可能だった。これは高度な制御技術のたまものである。

しかし、機械として優れているかどうかと、戦場で役に立つかは別問題である。

砂漠に最高の乾燥機があってもあまり役に立たないように、どんなに素晴らしい機械でも、その場に不要な機能では活躍できないのだ。

すごいものを作ろうとして様々な機能を付加した結果、使いにくい製品になってしまうということは兵器に限らず冷蔵庫などの家電でもよくあることだ。映像をみてもマゼラ・ベースを撃破された際に脱出装置のように飛び立ったり、マゼラ・トップ単体で使われたりと、運用に工夫はされたものの、どのような使い方が最適解だったか現場の兵士にもわからなかったのだろう。

マゼラ・アタックは、本質的に技術力のデモンストレーターになるべき機体であって、大量生産して実戦に投入されるべき機体ではなかったのかもしれない。

【コラム4】

鉄の駄馬見参！　西暦と宇宙世紀の軽機動車

機動兵器の発展とともにその機体の大きさは巨大化する傾向にある。

モビルスーツはいわずもがな、モビルアーマーにいたっては単機でコロニーを行き来する貨客宇宙船なみの大きさがある。

しかし、敵地を占領、味方の陣地として維持するには結局は歩兵が駐留するしかなく、この任務を大型機動兵器で代替することはできない。

そのために必要となるのが歩兵の移動手段であり、これを担うのが輸送トラックである。トラックは本来貨物を運ぶためのものであるが、座席を付ければ当然兵員も輸送できる。

●宇宙世紀のトラック「ラコタ」と「サウロペルタ」

一口にトラックといっても、十数人運べる大きなものから、４名＋小型の貨物が運べる小さなものまで、種類は様々である。

特に対ＭＳ特技兵など、小隊規模の人数で軽快に移動することが要求される場合や、現場指揮官の迅速な移動、偵察には小型車両の方が便利である。このような任務で多用されたのが、連邦側ではＭ72１／２ｔトラックラコタ、ジオン側ではＰＶＮ・３／２サウロペルタである。

どちらも、いわば軍用に作られた四輪駆動のオフロード車であって、厚い装甲に覆われていたり、ビーム砲がついていたりするわけではない。むしろ軽快さ、使いやすさ、壊れにくさ、整備しやすさが重要であって、一応、車載機銃も搭載されているが、基本的にその車両自体が敵の機動兵器と戦うわけではない。

ラコタもサウロペルタも、4名程度の乗員を乗せ、おおむね300~500キロほどの荷物を搭載して不整地を走行できるように設計されていた。これはバイクを除けば最小クラスの兵器である。

特に、地球侵攻に際してHLVでの車両投下が必要なジオン軍にとって、このような汎用車両が小型軽量であることは重要で、地球降下作戦時にカプセルから出てくるサウロペルタが確認できる。

●世紀の傑作軽機動車の登場

ラコタもサウロペルタも、その源流を探ると第二次世界大戦にまでさかのぼることができる。

そもそも兵員を車両で迅速に戦地に輸送する、という戦術輸送の発想は第一次世界大戦頃にはすでに存在していた。フランスがマルヌ会戦時にタクシーを徴用して兵員を輸送したというエピソードは特に有名である。

その後も自動車の発展に伴い、数々の軍用の小型自動車が誕生している。

戦間期の軍用小型自動車は、軽量に作られる傾向があった。戦地では道路が整備されているとは限らず、当時の自動車のエンジンが必ずしも小型高出力でなかったことなどが理由である。そうして製造された軍用自動車は、おもに将校の移動に使われることが多く、一般兵が乗ることはあまりなかった。日本のくろがね四起（九五式小型乗用車）、ドイツのキューベルワーゲンがそのような車両である。

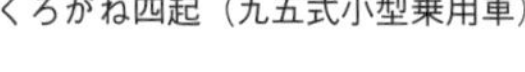

くろがね四起（九五式小型乗用車）

キューベルワーゲン

そのような中、宇宙世紀にいたるまでの小型軍用車両の方向性を決定づける傑作が生まれる。

1940年に開発されたアメリカ軍の1／4t 4×4トラックである。これは現在では、単に「ジープ」という名で知られている。

ジープの設計思想は、頑丈さ、生産性、整備性、走破性を重視するという点である。これらは他国の小型機動車と変わるものではない。

異なる点があるとするならば、当時、世界でもっともモータリゼーションが進んでいたアメリカという国が作ったということだろう。アメリカの自動車産業の粋を注ぎ込んだ結果、当時の技術で開発し得るほぼ理想の軽機動車が誕生したのである。

ジープは軍の仕様要求に応えて一から設計された車両で（もっとも、初期の要求は厳しすぎてクリアできた企業はなかったのだが）、民生品の改造型ではない。そのため、消費者の好みなど販売の都合をあれこれ考えることなく、戦地で使うことだけに特化して開発、納入できた。

●戦局を有利に導く究極の量産兵器

アメリカン・バンタム社が原設計、バンタム社、ウィリス・オーバーランド社、フォード社が要求にこたえて試作を提示し、選定された車両をウィリスとフォードが生産した（ウィリスMB、フォードGPWと呼ばれている）。

細部の違いがありながらも量産型は共通規格の部品を多く使っており、整備がしやすかった。また、細部に至るまで合理主義的な判断で設計されており、不要と判断された機能は切り捨てられた。

ジープは純粋な軍の輸送車両であってその管理は軍が行うため、車両にエンジン始動のためのキーがなく、スイッチをひねってスターターボタンを踏めばエンジンがかかる仕組みだった。

これは使いやすさに寄与し、命令があれば直ちに発進させることができた一方、戦地で敵兵に盗まれるという問題も起こした。ちなみに盗んだドイツ軍の兵士もジープを高く評価したようである。

第二次世界大戦時、不整地をものともしない高い走破性で大活躍したジープ

ジープをベースに、後輪を履帯に変更した実験車も作られた

構造ははしご型のフレームと単純なリジッドアクスルを縦置きリーフスプリングでつないだ、複雑な機構を持たないシンプルなものだが、車体前後の重量配分、フレームやスプリングのしなり具合などを丁寧に調整してあり乗り心地は悪くなく、安定性もよかったようだ。

重量はおよそ1・1トン。最高速度は遅かったがエンジンは低回転でも粘り強く、エンストしにくいため、不整地で走りやすかったという。

ジープはあらゆる環境での雑務に耐え、アメリカ軍を勝利に導いた偉大な兵器の一つに数えられた。

ジープは4年ほどの大戦期間中に64万台も生産され、そのうち61万台が完全に部品の互換性があったという、究極の量産兵器の一つだった。ジープはアメリカの友好国にも供与され、その過不足のない完成された使い心地で大活躍した。

戦後、ジープの活躍に触発され、各国で小型機動車の開発が始まる。イギリスのランドローバーは戦後になって「英国国産のジープ」ともいえる車両が求められ生産が推進された。ただしランドローバーはジープのような純粋な軍用車ではなく、「民生用軽トラック」という一面も持っていた。これは戦争が終わった以上は当然で、ジープも民生のトラック、乗用車となってゆく。

20世紀末から21世紀にかけての軽機動車は、防御力と馬力を重視して重厚化し、ジープのような軽快な車両ではなくなっていった。それが宇宙世紀に入ると、まるでジープの正当後継者のようなラコタが連邦軍に幅広く配備されているのは不思議である。

おそらく軽機動車が重厚化した結果ただの装甲車と化してしまい、結局別に軽快なオフロード車が要望される事態となったのだろう。

自衛隊の軽装甲機動車LAV

第三章　宇宙世紀の装備

【第三章　宇宙世紀の装備】

HLVと西暦の打ち上げ機

17

再利用可能な夢の貨物打ち上げ機

ジオン軍の地球降下作戦に際し、重要な課題となったのが、モビルスーツをはじめとした兵器類や将兵、そして物資を地上に降下させる方法である。それに加えて、地球でしか得られないレアメタルを宇宙に搬出する方法も必要であった。

技術的にはザンジバル級のような宇宙と地上を往還可能な大型艦艇を建造できたが、大部隊を降下させるために高コストの大型艦を何百隻も建造するわけにはいかない。

そのような往還任務で活躍したのがＨＬＶ（大重量貨物打ち上げ機）である。

ＨＬＶは大重量の貨物を搭載して宇宙と地上を往還する能力を持つロケットの一種で、基本構造は現代の宇宙船の再突入カプセルの拡大版である。耐熱構造の巨大なカプ

※減速用のパラシュートや着陸ロケットが装備

現代の再突入カプセルのいくつかは大気圏突入後パラシュートで減速、底部にある着陸用のロケットで最終的に軟着陸する。この仕組みは規模こそ違うものの基本的にはＨＬＶと同じである。ただし、ＨＬＶの場合は、ロケット噴射による短距離の飛行が可能で、着陸地点をある程度選択可能であった。

DATA

HLV
(Heavy-lift launch vehicle)

ジオン公国軍が開発した大重量貨物打ち上げ機。250トンまでの物資を運ぶことが可能で、飛行軌道をある程度変えられる、カプセルは再利用ができるといった利点から一年戦争時の宇宙への物資運搬で活躍した。

セルに、減速用のパラシュートや着陸ロケットが装備されている。

HLVの貨物搭載量（ペイロード）は250トンに及び、**ザクⅡ一個小隊**※（三機）とその装備一式を運ぶことができた。しかも、HLVは再使用することが可能で、地上に降ろしたカプセルに打ち上げ用のブースターを取り付ければ、再び貨物を宇宙に打ち上げることができた。

ただし、HLVはあくまで貨物を打ち上げる打ち上げ機であるため、衛星軌道上まで到達した後は宇宙艦艇に回収してもらわなければならなかった。

オデッサから撤退したジオン軍地上部隊のHLVが軌道上に多数停滞し、連邦軍に良いように撃墜されたのは「MSイグルー」において**戦争の残酷さを描いた名シーン**※である。

※**ザクⅡ一個小隊**
陸戦型であるザクⅡJ型の重量は49・9トン。三機載せてもまだ100トンほど余裕がある。

※**戦争の残酷さを描いた名シーン**
『機動戦士ガンダム　MS IGLOO　一年戦争秘録』第3話「軌道上に幻影は疾る」において、回収のあてもないままオデッサから宇宙に脱出した膨大な数のHLVやシャトルが、一方的にボールに撃破される場面がある。この時HLVにはザクが搭載されていたが、地上仕様のJ型だったため無重力空間の宇宙では自由に行動できず、ほとんど何もできずに一方的に撃破された。

考察──宇宙開発はコストとの戦い

ＨＬＶと異なり、現実の宇宙開発の初期は、打ち上げロケットのすべてが使い捨てであった。

ガンダム世界でも宇宙艦艇の打ち上げに使い捨てのブースターを使うことがある。ビンソン計画に基づいて建造されたマゼランやサラミスがブースターで、ジャブローから打ち上げられている。だが、現実世界のロケットの性能では、大した重量のない貨物を打ち上げるのでも、かなり大掛かりなロケットが必要だった。

●巨大なブースターが必要だった初期の宇宙船

たとえば人類初の有人月着陸を行なった**アポロ計画**[※]に使われたサターンV型ロケットは、たった3人の宇宙飛行士が搭乗する宇宙船と着陸船を運ぶのに、高さ１１０・６４メートルという高層ビル並みのサイズになってしまった。ちなみにこのサターンVの開発に関わっていたのが、月面都市フォン・ブラウン市の名の由来となっている**ヴェルナー・フォン・ブラウン**[※]である。

※アポロ計画
１９６１年から１９７２年にかけて行われたＮＡＳＡ（アメリカ航空宇宙局）による人類初の月への有人宇宙飛行計画。69年7月20日、アポロ11号に乗ったニール・アームストロング船長と、バズ・オルドリンが人類初の月面着陸に成功している。

※ヴェルナー・フォン・ブラウン
（１９１２〜１９７７）
ドイツ生まれの工学者。若い頃から宇宙ロケットに興味を持ち、ベルリン工科大学に入学後、本格的な研究の道に進む。第二次世

サターンⅤが巨大なのは、地表から衛星軌道まで月に行く宇宙船本体と宇宙での加速に使う3段目のロケットを打ち上げなければならなかったからだ。そのため、サターンⅤは1段目（S-1ロケット）、2段目（S-Ⅱロケット）、3段目（S-Ⅳロケット）を積み重ねた多段式ロケットにならざるを得なかったからだ。

アポロ11号の打ち上げに使用されたサターンⅤ型ロケット

ちなみに3段目のロケットなのにナンバーがⅣなのは、Ⅰ～Ⅴまで5種類あるロケットの中から、多段式ロケットを構成するベストな組み合わせを選んだ結果である。燃料を使い切ったロケットは、重いだけで使い途がないので切り離して投棄される。※

●ロケット再使用計画の失敗

ロケットは自分自身を打ち上げるために重い燃料を積む必要があり、その燃料を打ち上げるのにまた重い燃料を積む必要がある、と

界大戦中は弾道ミサイルの開発に従事。ドイツの敗色濃厚になった1945年5月、仲間の研究者とともにアメリカに亡命。以後、アメリカでサターンロケットの開発に携わった。

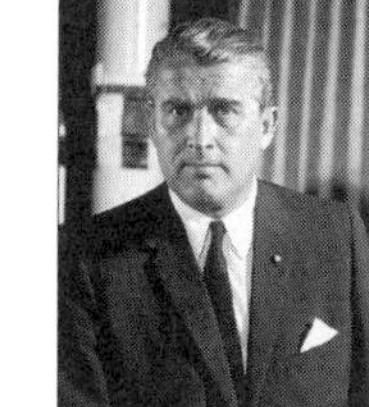

※切り離して投棄
月からの帰還、つまり帰り道の場合、飛行するのは宇宙船本体のみであり（着陸船も帰還時の乗員回収後に投棄される）、月周回軌道からの離脱に地球上からの打ち上げほどのパワーがいらないため、巨大ロケットは不要になる。

いうジレンマを抱えている。

この問題は原理的に解決できないため、ガンダム世界のロケットが比較的安価に宇宙と地上を往還しているのは、驚異の技術力の賜物といえよう。

打ち上げコストを下げる方法の一つは、ロケットとエンジンを使い捨てにせず再使用することである。燃料を消費するのは仕方がないとしても、エンジンとロケットまで使い捨てにしていてはお金がいくらあっても足りない。実際20世紀終わりから21世紀の今日まで、大型の宇宙開発計画が停滞したのは、まさにこの予算の問題が大きな理由の一つだった。

20世紀の宇宙開発初期の再突入カプセルは、大気圏突入時の空力加熱からカプセルを守るために「**アブレータ**※」という樹脂が塗布されており、これが気化することでカプセル本体を熱から守る構造になっている。このため一度使用するとカプセルの表面は黒焦げになっていた。高価なハイテク機器の塊である再突入カプセルが使い捨てなのも、また大きな問題だった。

再使用ロケットとして最初に考えられたのは、アメリカのスペースシャトルである。これは簡単にいえば、ロケットエンジンを積んだ巨大グライダーに燃料タンクと加速用のブースターを取り付けて打ち上げ、宇宙からの帰還時にはグライダーの部分が滑空しながら降りてくる、というシステムである。

※**アブレータ**
原料は、炭素繊維やガラス繊維などに樹脂を含侵させた繊維強化型プラスティックである。左写真は、再突入後に表面が黒こげになったカプセル。

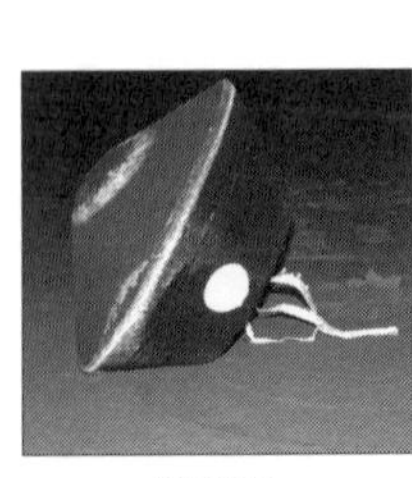
©NASA

ブースターもシャトル本体も再使用可能なので、理屈の上では貨物の打ち上げコストが劇的に下がるはずであった。しかし、実際には再使用するための整備にかなりの手間と予算がかかり、使い捨てのロケットの方が安い、という皮肉な結果に終わった。

2013年から2016年まで使用されたファルコン9 v1.1

●再着陸ロケットの研究

次に考えられたのがロケットそのものに着陸能力を持たせ、打ち上げ後に地上に帰還させる方法である。

このような着陸能力を持つロケットの開発に最初に成功したのが、アメリカのロケット開発企業である**スペースX社**※である。

スペースXの「ファルコン9」ロケットには、貨物である衛星を打ち上げた後、一段目のロケットが着陸基地に自動着陸するという機能がある。この機能を使うにはロケット内に着陸用の燃料を残しておかなければな

※スペースX社
アメリカの民間航空宇宙会社。火星の植民地化を目標に、2002年にイーロン・マスクが設立した。有人宇宙船を国際宇宙ステーションに到達させるなど高い技術力があり、完全再使用型の宇宙船スターシップの研究などを行っている。左写真はカリフォルニア州ホーソンにあるスペースXの本社屋。

JAXA が研究した再着陸ロケット RVT（©JAXA）

らず、再使用する場合は打ち上げ可能な荷物の重量が減る欠点はあったが、選択の余地ができたというのはかなりの進歩である。

日本でも**ＲＶＴ**※（Reusable Vehicle Testing）という再着陸ロケットが研究されていた。ＲＶＴは宇宙まで打ち上げるようなものではなく、高度47メートルまで上昇後、無事に降りてきて着陸する、という一連の動作を行なってロケットの着陸を研究する純粋な実験機材であった。残念ながら日本の宇宙開発は予算規模が小さく、そこから再利用ロケットの研究に発展するのは難しかったようである。

※**ＲＶＴ**　日本の宇宙航空研究開発機構（ＪＡＸＡ）が行った実験。１９９８年開始。再使用ロケットの技術を蓄積するために、小型のロケットを製作、飛行実験を繰り返してデータを収集した。

ガンダムに登場するＨＬＶは地味な存在だが、実は現代の宇宙技術から見たら、超高性能の夢のロケットなのである。

【第三章　宇宙世紀の装備】

18

モビルスーツ輸送機と西暦の垂直離着陸輸送機

巨大貨物を自在に運ぶ高性能輸送機

もともと宇宙機であったモビルスーツだが、月面やコロニー内での戦闘や作業に二足歩行が使えることは大きな利点であった。これは地球上でも変わらず、二足歩行による不整地走破性は**履帯やホバーを装備した車両をしのぐ**※ほどだった。

しかし、長距離の展開が必要となると話は違ってくる。

宇宙では艦艇に搭載して運べばいいが、地球上で輸送距離が数百、数千キロメートルともなると、自力で移動するのは困難であるし、時間もかかりすぎる。こういった場合に使用されるのが、モビルスーツの輸送が可能な大型輸送機である。連邦軍のものでは

※**履帯やホバーを装備した車両をしのぐ**
車輪は直径を超える大きな段差は越えられない。履帯は「自分で道を敷きながら移動する」機構なので少しはマシだが限界がある。ホバーは砂漠や水上を走れるのが利点だが、大きい凹凸に弱い。脚での移動は効率は悪いが、たとえば人間の脚ならジープでも進めないほどの岩場の上を歩いて進むこともできる。

DATA

ファット・アンクル

ジオン公国軍の大気圏内用の大型輸送機。大型ローターで浮上するなど、高い輸送力と飛行能力を誇る。

【スペック】
全高：21.2m　全長：38.0m
全幅：56.8m　本体重量：195.0 t
ペイロード：140t
最高速度：マッハ0.7
武装：2連装機関砲×3

ガンペリー、ジオン軍のものではファット・アンクルがよく知られている。

ガンペリーはガンダム、あるいはジム一機（コンテナによっては二機搭載可）を搭載して輸送することができ、翼を折り畳めばガンペリーそのものをホワイトベースに積み込むこともできた。三基のローターで上昇し、四基のジェットエンジンで推進力を得て飛行する。カタログ上では最大速度は時速7～800キロメートルほどとされているが、コンテナ形状の空力特性の悪さや貨物の重さを考えれば、実際の現場ではそこまでの速度は出せなかったのではないだろうか。

モビルスーツを載せるコンテナの両扉にはミサイルを設置できる構造になっており、**攻撃機としても使用可能**※だった。ホワイトベース隊における、輸送機としてのガンペリーの

※**攻撃機としても使用可能**　『機動戦士ガンダム』第28話「大西洋 血に染めて」で、ガンペリーに搭載したミサイルでズゴックを攻撃する場面がある。ファンにはいうまでもなく、スパイとして潜入させられた貧しい少女ミハルが、カイに協力しようとしてミサイルの噴射に巻き込まれて戦死する有名なシーンである。

活躍は作中で何度も描かれている。だが、設定上は幅広く配備されていたミデア輸送機の方が、物資輸送においては活躍していたようである。

ジオン軍のファット・アンクルは、モビルスーツを三機直立させたままで輸送可能な大型輸送機である。

ガンペリーがまだ航空機の面影を残しているのに対し、ファット・アンクルは空飛ぶ深海魚のような、異様なシルエットを有している。しかし、大型ローターで浮上し、ジェットエンジンで航行するという基本はガンペリーと同じである。

ファット・アンクルの最大の特徴であるその貨物室の天井の高さは、**内部でモビルスーツに戦闘行動を行なわせるほどのゆとり**※を生み出している。ガンペリーがミサイルを搭載したのに対して、ファット・アンクルはザクI・スナイパータイプを搭載し、上空から支援攻撃を行なった。輸送が主眼のガンペリーに対し、ファット・アンクルは戦術的な柔軟性に優れていたといえる。また対地用、対空用の機銃も備え、敵の攻撃に対しある程度反撃する能力も有していた。

ファット・アンクルには前面にのみ貨物の出し入れ口があるタイプの他に、側面や後部にも装備しているタイプなど数機種が知られているが、おそらくは細かい設定はないと思われる。

※**内部でモビルスーツに戦闘行動を行わせるほどのゆとり**
『機動戦士ガンダムUC』において、連邦軍トリントン基地を襲撃する際にジオン残党軍のカークス少佐のザクIスナイパータイプがファットアンクル改の格納庫内に機体を固定して、地上部隊を支援する場面がある。

考察――西暦の垂直離陸輸送機開発史

ガンペリーとファット・アンクルの両機種に共通するのはローターで浮上し、ジェットエンジンの噴射で前進するという機構である。これは冷戦期に、高速ヘリコプターの試作機に使われていた機構によく似ている。

●冷戦期に現れた高速ヘリコプター

ヘリコプターは、ローターを回転させて揚力を生み出し、それを傾かせることで前進している。だが、高速で飛行した場合、機体の前進方向に向かう側（時計回りのローターなら左側）のローターの羽に当たる気流が速くなりすぎる一方で、後方に向かう側（時計回りのローターなら右側）のローターの羽の気流が遅くなりすぎて効率が低下し、墜落の危険が出てくる。そのため、ヘリコプターの最高速度は原理的に時速300～400キロメートルが限界とされていた。

そこでローターとは別にジェットエンジンと小ぶりな主翼を取り付け、推進力と揚力を補助することで、ヘリの速度制限の壁を突破しようとする試みが行なわれる。だが、結論からいうと、このような機種が実用化されることはなかった。より速く飛ぶVTO※

※VTOL機
「広大な滑走路がないと運用できない」という欠点を克服するために研究開発がなされた航空機。「垂直離着陸機（vertical take off and landing aircraft）」の略。ヘリコプターと違い、離陸して速度を出してからは通常の航空機とほぼ変わらないため、ヘリコプターに速度で遥かに勝る。

ドルニエ Do31（ドイツ博物館）

L機（垂直離着陸機）が登場したからである。

　他方では、戦地に物資や兵器、兵員の戦術輸送を行なう戦術輸送機の分野でも、輸送機に垂直離着陸能力を付加しようという研究があった。これらは宇宙世紀のガンペリーやファット・アンクルの元祖のような試作機体群であるが、その開発は難航し、完成に至ったものはほとんどない。

　たとえば1960年代に開発されていた西ドイツの**ドルニエDo31**※は、排気の噴射を下方向と後方に変更可能な推進用エンジンと、下向きで固定されたリフトエンジンの両方を持つ試作輸送機だった。

　しかし、機体を持ち上げるためのリフトエンジンやそれに付随する機構は、水平飛行に入るとただのお荷物になってしまった。Do31は飛行機としては手堅く飛んだが、リフ

※ドルニエDo31　西ドイツの航空メーカー、ドルニエ社が開発した、世界で唯一のVTOLジェット輸送機。1967年に初飛行に成功したが、最大搭載量がわずか3500キロ（3・5トン。トラック一台分程度）という少なさもあって、70年に計画がキャンセルされた。製作された三機のうち、二機はドイツ博物館などに保管されている。

XC-142

トエンジンを積んでいる分、同クラスの通常の輸送機よりも貨物搭載量が少なくなってしまったため、結局、採用されなかった。

●プロペラが動くティルトローター機

冷戦期には、推力を発生させるプロペラやエンジンを離着陸時には上向きに、水平飛行時には前向きに変更できる、ティルトローター機の研究も熱心に行なわれていた。

この機構は、一見するとエンジンをマウントした部分を回転させるだけという、極めて簡単な仕組みに見える。だが、左右のプロペラの出力バランスがわずかでもズレると機体が斜めに傾（かし）いてあらぬ方向に暴走して墜落するなど、バランスを取る仕組みが非常に難しかった。

主翼もろとも縦向きにするティルトウィング機ともどもさんざん研究されたが、アメ

※XC－142
ティルトウィング式のVLOT実験機。１９６４年に初飛行に成功。事故が多く、実用化は断念された。

※X－22
タグデットファン方式のVLOT機。１９６６年に初飛行に成功。80年代まで実験は続けられたが実用化には至らなかった。

リカ軍の**XC・142**[※]、**X・22**[※]、カナダのCL‐84など飛行性能は悪くないものの、機体の高価さに見合う用途がなかったり、実用機に改良する予算がつかなかったりで、実用化に至ったものはほとんどない。結局、中型の垂直離着陸戦術輸送機として完成したのは、90年代の**V・22オスプレイ**[※]が最初であった。

オスプレイはアメリカ海兵隊、海軍、空軍のほか、アメリカの友好国に配備された。ちなみにアメリカ陸軍が装備していないのは、より小型のティルトローター機**V・280バロー**[※]を取得する予定だからだ。

●超大型ヘリコプターの登場

重量物を運ぶ大型の垂直離着陸戦術輸送機はついに完成しなかったが、速度が遅いことに目を瞑れば単純に大型のヘリがそれに近い任務を担うことができた。

固定翼モードで飛行するV-22オスプレイ

※V・22オスプレイ
2007年に運用が開始されたティルトローター機。日本の陸上自衛隊も2020年から部隊配備を開始している。

※V・280バロー
ベル社とロッキード・マーティン社が共同開発するティルトローター機。極めて高性能で従来のヘリコプターの2倍の作戦行動半径と速度を持つという。

©Bell Helicopter

橋の欄干を運ぶ CH-54〝スカイクレーン〟

CH・54※は冷戦時代のガンペリーともいえる大型ヘリコプターである。

民間型の愛称〝スカイクレーン〟の名の通り、その姿はまさに空飛ぶガントリークレーンであり、機体本体は下部に大きな空間をもつ細長い独特のものであるが、その空間に45人の兵士を乗せられる兵員輸送用ポッドを装着したり、ワイヤーで空挺戦車などを吊り下げて飛行できた。ベトナム戦争時には損傷した航空機を回収したり、大型爆弾「デイジーカッター」を投下して爆心地を〝整地〟し、ヘリの着陸地点を作成する任務にも従事したという。

このように垂直離着陸機の研究は続けられてきたが、主力戦車のような大重量の主力兵器を運ぶ垂直離着陸輸送機はまだ存在していない。もし、ファット・アンクルのような航空機が実現したら、望みのままに主力兵器を展開できるようになるので、地上戦の様相が一変するかもしれない。

※**CH・54**　シコルスキー社が開発したアメリカ軍の輸送ヘリコプター。1991年に退役後は、アメリカのエリクソン・エアクレーン社が製造権を購入し、民間機として運用・製造している。現在は輸送機のほか、森林火災用の消防機としても運用されている。

【第三章　宇宙世紀の装備】

ザクタンクと西暦の工兵戦車

19

傑作工作機器ザクタンク

工兵部隊は縁の下の力持ちとして、戦場に欠かせない重要な部隊である。ジオン軍の場合、モビルスーツという優秀な機械があり、これをうまく使えば大概の工事はこなすことができた。しかし、モビルスーツは**非常に高価**※であり、工事に専従させておくわけにもいかない。

そこで工事任務には消耗し、くたびれたザクを当てるようになってゆく。ザクは兵器としては一年戦争中～後期にはすでに旧式化しつつあったが、土木工作機械としては「器用な巨人」であり、むしろ贅沢品といえるほど高性能であった。

〝一般作業型ザク〟ＭＳ‐06Ｗは、破損して工場送りになったザクや廃棄予定パーツな

※**非常に高価**
現実的に現在の貨幣価値と宇宙世紀の貨幣価値（製品の製造コストなど）の比較はできないので具体的な金額は出しづらいが、モビルスーツが「戦車と戦闘機とロボットの性質を併せ持つ宇宙船」であることを考えると、それらを合わせたくらいの値段はするかもしれない。

DATA

ザクタンク

ジオン軍の工作機械。マゼラアタックのベース車両にザクの上半身をドッキングさせている。腕を作業用アームに置換するなど、工作機として特化させている。

【スペック】
頭頂高：14.7m　本体重量：53.6t
装甲材質：超硬スチール合金
出力：951kW
武装：50mm3連装マシンガン

どを現地で改修し、工事用として再生させた機種である。型式番号はついているが決まった仕様はなく、MS‐06といいながら、ザクⅠ（MS‐05）のパーツが大量に使われている個体もあったと設定されている。

これらのザクは武装をしていないとはいえ、通常のザクと基本構造はそう変わらない。そのため整備に手間がかかる、高価なパーツがすぐに消耗するなど、戦闘用のモビルスーツと同じような欠点を抱えていた。

そこで、おそらくは苦労した地上部隊の間で自然発生的に出てきたアイデアではあろうが、マゼラアタックのベース車両部分と、中破して戻ってきたザクを組み合わせた工事用車両が作られ始める。

これを「**ザクタンク**」※という。

一応、基本構成はマゼラ・ベースの上にザ

※**ザクタンク**
MS‐06Vという形式番号が与えられたが、決まった仕様はないに等しく、それぞれの部隊で必要な装備を適宜載せていたため、登場作品によって外見が著しく異なる。

クⅡの上半身、腕の先には五指のマニピュレーターではなく、より簡素な作業用アームを取り付けている。脚部ユニットと手は特に破損、消耗しやすいため、その部分をより簡素なパーツに置き換えたのは当然の措置といえるだろう。

武装はマゼラ・ベースの三連装バルカン砲をそのまま残している個体もあったが、使わないので外してしまい、代わりにドーザーブレードを取り付けてより工事車両として特化したものや、反対にできるだけの重武装を施して戦闘用モビルスーツに返り咲いた個体も存在した。基幹部分をザク用、マゼラアタック用の補修部品を流用して修理できることも大きな利点だった。

新型が頻繁に登場するわけでない工作用モビルスーツにあって、ザクタンクは十二分な性能と拡張性を持っていた。一年戦争以後は連邦軍に接収され、土木工作機械として長く使われたようで、以後の作品にも脇役や背景として登場している。

考察――イギリス軍の面白部隊

戦争は戦闘部隊だけでできるものではない。

たとえば移動に使う道路や鉄道が爆破されたり、橋が落とされたりした場合、戦闘部

粗朶を積んだマークⅣ

隊だけでは対処できない。進撃を阻む障害物が設置されている場合や、逆に敵の進撃を阻むために妨害工作をする場合も同様だ。陣地の構築、森林の伐採といったことも戦闘部隊だけでは難しいだろう。

●戦場のサポート役、工作部隊

そんな時に活躍するのが工兵部隊である。工兵部隊は工事を任務とする部隊で、何もないところに道路を建設して味方の進撃ルートを開拓したり、地雷原を爆破処理して味方を通過させたり、移動ルートに河川がある場合は橋をかけたりする。

戦闘部隊がいくら強くても戦場までたどり着けなければ何の意味もない。そのため、戦車が初めて実戦投入された第一次世界大戦の頃には、すでに工兵車両が作られていた。

世界初の戦車、イギリス軍のマークⅠや改良型のマークⅣは、車体の上に大きな**粗朶**※

※**粗朶**
細い木の枝の束のこと。「そだ」と読む。

を積んでおり、車内からの操作で車両前方に落ちる構造になっていた。これは進撃の邪魔をする敵の塹壕を埋めるための装備で、塹壕の中に粗朶束を落とすことで進路を確保したのである。

第二次世界大戦の頃には、明確に工兵専用車両と呼べるものが誕生する。特に有名なのはイギリス軍の**パーシー・ホバート少将**[※]が率いる第79機甲師団であろう。

左の人物がパーシー・ホバート

ノルマンディー上陸作戦を控えたイギリス軍にとって必要だったのは、ドイツ軍が防御陣に作ったコンクリート壁を破砕する爆薬設置用戦車や、泥濘にシートを敷いて車両が走れるようにする特殊な敷設戦車、地雷原を無力化する戦車などであった。ホバート少将は既存の戦車を改造し、特殊装備を追加、第79機甲師団は異形の戦車軍団「ホバーツ・ファニーズ（ホバーツ面白団）」として知られるようになる。

※パーシー・ホバート（1885〜1957）
イギリスの軍人。王立陸軍士官学校を卒業後、イギリス陸軍工兵隊に配属され、第一次世界大戦を経験。戦車部隊の重要性を知り、王立戦車軍団に志願して転属し、戦車軍団の総監などを務めた。上官と対立し、一度は軍を離れるが、ウィンストン・チャーチルなどの助力で復帰。第二次世界大戦では陸軍工兵第79機甲師団を率いて活躍した。

粗朶束を搭載したAVRE（左）と、架橋戦車型AVRE（右）

●戦場を駆けるホバーツ・ファニーズ

ホバーツ面白団には、どのような車両があったのか。主なものを紹介しよう。

「チャーチルAVRE[※]」は、イギリス軍の主力歩兵戦車チャーチルを改造した車両だ。障害物破壊用の臼砲を持ち、アタッチメントとして色々な機材を取り付けることで複数の作業をこなすことができた。

そのうちのひとつ、「架橋戦車型AVRE」はクレーン車のように仮設橋を掲げて走行し、必要とあらばこれを下ろして任意の場所に橋をかけることができた。

チャーチルAVREをベースにしたものにはほかに、車両の前後にランプ（傾斜路）を持ち、これを展開することで車両自身が橋になる「チャーチルARK」という機種も存在した。ARKは自ら溝や凹みに突入し、そこでランプを展開することで味方の進撃ルートの一部になるような使い方をされた。

※チャーチルAVRE　基本形は左のような臼砲を装備していた。火炎放射器を取り付けた「チャーチル・クロコダイル」と呼ばれる車種もあった。

「シャーマン・クラブ地雷処理戦車」は、アメリカ軍から供与されたシャーマン中戦車を改造したもので、車体前方に回転するローターを設置し、先端に錘のついた鎖を多数取り付けて猛烈に回転させせながら前進した。※すると鎖の先端が地面を叩くことになり、地雷を誤爆させせられる。そうして進むことで、地雷原に突破口を開くのだ。

シャーマン・クラブ地雷処理戦車

※回転するローターを設置し、先端に錘のついた鎖を多数取り付けた
このような装備を「マインフレイル」という。

●改造車は合理的な選択肢

〝ファニーズ〟の戦車はチャーチル歩兵戦車、シャーマン中戦車、マチルダⅡ歩兵戦車などの既存の戦車を改造して製作されている。改造した理由は、新たに作り直すよりもずっと合理的だったからである。

補給の面から見れば、ただでさえ膨大で複雑な補給物資の山に、さらに新たな車両の補修部品を加えるのは得策ではない。もとが同じ戦車ならば、同じ補修部品が使える。これはザクタンクが既存の車両と既存のモビルスーツの組み合わせでできていることに説得力を持たせている。

また、もとが戦車であれば、乗員の融通も利く。新設計の車両だと一から運転技術を習得しなければならないが、工兵戦車の車体は戦車そのものであるため、戦車の操縦手を使えば訓練期間を短縮できるのである。

そもそも戦車という乗り物自体、武装を外せば大型ブルドーザーも同然である。新たに同様の建設機械を製作する手間をかける必要性もないのだ。※

工兵戦車は第二次世界大戦後も発展を続けたが、既存戦車の改造車という構成は基本的には変わらなかった。なぜならその構成がもっとも合理的だからであり、現実のミリタリーの影響を受けた宇宙世紀の工兵戦車に既存兵器の改造車が使われるのは当然なのであった。

※車体の調整
もちろん、ベースとなる車両によっては多少の調整が必要なケースもあった。たとえば、シャーマン・クラブの場合は、ローターを回転させるための動力を車両のエンジンから取っているため、動力の分配と回転数の維持のためにギアボックスの改造が必要であり、通常型の戦車と全く同じというわけにはいかなかった。

【第三章　宇宙兵器の道具】

20 ホワイトベース搭載バギーとジャンピング・ジープ

可変型の小型輸送車両バギー

作品世界において、戦場の花形といえばモビルスーツ、戦闘機、戦車といった大型兵器である。これらは作戦の主役であり、勝利の要となる存在だから光が当たるのは当然だろう。だが、戦争は主力兵器だけではできない※。

戦場では、たとえば数百人の兵員の数か月分の食料、衣類、生活用品、モビルスーツの予備パーツなど、単純に銃弾だけではない大量の物資が常に必要になる。これらを運ぶのは輸送車両の仕事であり、もし主力兵器だけで構成された部隊が存在したら、かえって戦闘はできないだろう。

※**戦争は主力兵器だけではできない**　たとえば、一人乗りの戦闘機一機を飛ばすにも、戦闘機の機体の整備員、搭載された機器（武装、レーダーなど）専門の整備員などが必要になる。ちなみに戦闘では全兵力の三割が損耗したらその部隊は全滅とみなされる。負傷者の後送などに人員を取られることを考えると戦闘部隊の体を成さなくなるためだ。

さて、もっと地味な車種に連絡用、雑用の小型車両がある。地味過ぎてよほどディープな軍事マニア以外には軽視されがちだが、これらは非常に重要な車両である。小型車両の役割は将校を作戦会議に送る、偵察を行なう、行方不明者の捜索など多岐にわたる。どれも戦闘には不可欠な要素だ。

第二次世界大戦時には、アメリカ軍、ドイツ軍、そして日本軍もみな軍用小型自動車を開発し保有していた。地味な車種だが、現場レベルでは絶対に手放せない必需品なのである。

ガンダムの作品世界内において、民間の移動用車両は電動の**エレカ**※が中心である。酸素が貴重なコロニー内において、内燃機関（エンジン）で燃料を燃やすために酸素を使うわけにはいかないし、そもそも無尽蔵に発電ができるガンダム世界において、重い燃料をわざわざ輸入したりする必要もなくなるため、設定的にも筋が通っている。

※**ホワイトベース**隊も小型の車両を複数種装備していて、行方不明者の捜索や爆弾処理に使用している。

細かい設定が存在しないため、ホワイトベース隊装備の車両のスペックは不明である。だが、明確にわかっていることは、ホワイトベース搭載バギーには簡易な変形機構と飛行能力が備わっている車種があることだ。このバギーのホイール部分は噴射口も兼ねており、飛行時にはこれが下向きに折りたたまれて車体を浮上させる。おそらく飛行

※**エレカ**
電気自動車。作中では未成年も気軽に運転しており、かなり運転は簡単だと思われる。

※**ホワイトベース**
モビルスーツやガンペリーが派手で目立つが、連絡用の小型宇宙艇ランチや小型車のバギーも積んでいる。

DATA

ホワイトベース搭載バギー

地球連邦軍の軍用ビーグル。細かい公式設定がないため、原理など細部は不明だが、タイヤを90度回転させることで、車体を浮かせて飛行することが可能。陸地と空を移動できる〝空飛ぶ車〟を実現させている。

性能は高くはなかっただろうが、不整地など地上走行が困難な地形では重宝した機能であろう。

だが、それより重要な点は強襲揚陸艦ホワイトベースが、ミノフスキークラフトを搭載し、大気圏内を低速で航行可能という点である。浮上したまま航行する艦船に乗り込むには、当然飛行能力が必要である。

艦船をいちいち停止、着陸させなくても、高度を下げるだけで搭載車両を回収できるなら無駄もなく素早い行動が可能である。そういった意味でホワイトベース搭載バギーに飛行能力があるのは合理的なことなのである。

このバギーはミノフスキークラフト搭載艦とともに、あるいは険しい地形で活動する部隊で広く使われたに違いない。作品中の活躍例としては、**行方不明となったアムロ・レイ**※

※**行方不明となったアムロ・レイの捜索**
『機動戦士ガンダム』第18話「灼熱のアッザムリーダー」に登場するエピソード。ホワイトベースを「家出」したアムロを探すため、フラウ・ボゥがバギーを使用した。

の捜索に使われたことがある。

考察――空飛ぶ車は実現するのか？

飛行も地上走行もできる小型輸送車。一見、荒唐無稽な特殊車両に見えるが、実は冷戦期の1960年、実際に開発計画が持ち上がったことがある。

イギリス陸軍が計画した〝少しだけ飛べる自動車〟「ジャンピング・ジープ」である。

●イギリス軍のジャンピングジープ計画

フライング（飛翔）ではなくジャンピング（跳躍）なのは、飛行距離や飛行速度はあまり重視されず、とにかく障害物を飛び越えて行動できる車が要望されたからであった。

開発に名乗りを上げた企業の一つが、**フォーランド・エアクラフト**※である。

フォーランドのアイデアは一見、合理的である。飛び上がるための専用エンジンは走行時には重いだけで邪魔になるので、溜め込んだ圧縮空気の圧力を使う設計にしていた。これならエンジンは一台で済むし、飛行時には高圧で吹き出す空気にガソリンを混ぜ、一種のジェット噴射として使用すればある程度の飛翔も可能と思えた。

※フォーランド・エアクラフト
1937年から1963年まで存在したイギリスの航空機メーカー。代表機種は小型軽量の戦闘機「フォーランドナット」（左写真）。59年にホーカー・シドレー社に買収され、63年にブリティッシュ・エアロスペース（BAE）に統合され、社名が消滅した。

一方、ジェットエンジンメーカーのBSELは、自動車の車体の真ん中にそのままジェットエンジンを載せてしまうというアイデアを提出した。だが、どちらの案も机上の空論で実現することはなかった。

ジャンピング・ジープの完成予想図

BAC[※]社の案はもっとわかりやすく、車体全周に13基もの小型ファンを設け、それを大馬力のエンジンで高速回転しようという案だった。この案がもっとも無難に思われるが、使っていたエンジンが大馬力ではあるものの、低速で長時間回すのには向かず、トラブルが続出してしまった。

●空飛ぶ車を実現させる難しさ

本格的な空飛ぶ車であろうと、少しだけジャンプできる車であろうと、車体を持ち上げるパワーが必要なことに変わりはない。「ちょっと跳べればよい」という要求は一見控えめだが、ジャンピング・ジープの開発は簡単ではないの

※**BAC社**
イギリスの航空機製造会社「ブリティッシュ・エアクラフト・コーポレーション」。フランスとのコンコルド（左写真）の共同開発ではイギリス側の担当企業になった。77年、宇宙航空産業の国営化にともない、ホーカー・シドレー社などと合併、現在はBAEシステムズに組織改編されている。

だ。開発は難航し、予算と時間が浪費されるのは明らかだった。

また、飛行以外にも問題が持ち上がる。跳躍させるには車体を軽量化する必要があったが、そうなると頑丈な四輪駆動車でも破損することがある凸凹道での通常走行すら難しくなる。さらにその車体に通常走行時にはまったくのお荷物となる飛行用エンジンを積むのだから、この計画はイギリス軍の要求からして無理があったのだ。

結局、ジャンピング・ジープ開発計画は1966年に中止されてしまった。そうして、その後、このような車両の開発計画が持ち上がることはなかった。

なお、ここ最近（2023年7月）「**空飛ぶ車**※」なるものがメディアを騒がせているが、その内容はどう見ても「電動マルチコプター」であって車でもなんでもない。ジャンピング・ジープでコケたように、本当の車を飛ばすのは極めて困難なのが現実である。

※**空飛ぶ車**
いわゆるドローン（厳密には無人機のことをドローンと呼び、一般的にイメージされるローターが複数ついたものを指すときはマルチコプターと呼ぶ）を大型化して有人機化した乗り物。車のように気軽に乗れる航空機という意味でそう呼ばれている面もあろうが、実態は単なるヘリコプターとほとんど変わらないものであり、そもそも大事故を起こしかねない航空機に気軽に乗られては困る。

【第三章　宇宙世紀の装備】

ワッパとVZ-8エアジープ

21

地表を自在に移動できるワッパ

ワッパは大気圏内、主に地表で使う一人乗りの飛行機械である。電動モーターによって前後二つのメインローターを回転させて浮遊、前進する。最大速度は時速100キロにも満たないと思われ、上昇高度も数十メートルと、航空機というよりもエアカーの一種といえるだろう。

機体の安定化は自動制御によってなされるため、誰でもすぐに乗りこなせるようになる。ワッパの基本武装は**機銃が一丁**※で、重武装というわけではない。むしろワッパの本領はその機動力であって、兵員を地形の影響をほとんど受けずに迅速に運ぶことができる。これは偵察任務を行なうのに非常に好都合で、ワッパは広く偵察部隊に配備された。

※**機銃が一丁**
PVN.4/3型の場合、マズラＭＧ74Ｓを装備している。最初期型ワッパもおそらく同じだろう。

DATA

ワッパ（PVN.4/3）

ジオン公国軍が開発した軌道浮遊機。いわゆるホバーバイクで、機動力をいかして偵察任務などに使用された。

【スペック】
全長：5.5m　全高：2.7m　全幅：2.1m
主動力：電動モーター×2　乗員：1名

ワッパを擁する偵察隊は、基本的に少数のザクと十数機のワッパで構成されており、広い地域をより少人数で迅速にパトロールすることが可能だった。

また、単なる偵察員の足としてだけではなく、**積極的に攻撃に使用された例**[※]もある。有名なのは肉薄攻撃によって吸着爆弾を稼働中の敵モビルスーツに設置する攻撃で、これはパトロール中隊の若い兵が、手柄を立てて本国に帰りたい一心で考案したゲリラ戦術であった。この戦法はオデッサ作戦中に連邦軍のジムに対しても行われ、戦果を上げている。

※積極的に攻撃に使用された例
『機動戦士ガンダム』第14話「時間よ、とまれ」に登場。故郷に帰りたいクワラン曹長の発案で、多数のワッパでガンダムを取り囲み、隙を見て強力な時限爆弾を取り付ける戦法で戦った。また『MS IGLOO2 重力戦線』第3話でも陸戦型ジムに同じ戦法で挑むワッパが登場している。

考察——現実世界のワッパ

実は1950～60年代、アメリカ軍向けにワッパとほとんど同じコンセプトの航空機が開発され、飛行にも成功している。

●道なき道を進む「空飛ぶ車両」開発計画

ウィリスMB

第二次世界大戦の折、アメリカ軍は人員の輸送や将校の連絡用に四輪駆動車を採用していた。ウィリス・オーバーランド社製ウィリスMB、フォードモータース社製フォードGPWなどの小型トラック、すなわち「**ジープ**※」である。

ジープは現代においてはタフな小型四輪駆動車の代名詞であり、道なき道を走破する無骨なマシン、というイメージで語られる。それは単なるイメージではなく、もともと荒々しい使い方をされる軍用車として設計されており、車体はとにかくシンプルで頑丈で、もし壊れても車載工具で修理できるように作られていた。

しかし、いくらジープが優れた四輪駆動車でも、川を飛び越えたり海の上を走ったりはでき

※ジープ
現代ではジープというと特定の車種を示すイメージがあるが、もともとは4分の1トンの多目的軍用偵察車を指す言葉だった。第二次世界大戦中、アメリカのウィリス・オーバーランド社が「JEEP」の商標を取得。戦後に民生品用の「JEEP」を売り出したことが現在のイメージが定着するきっかけになった。詳しくは150ページのコラムを参照のこと。

パイアセッキ HRP レスキュアー〝フライング・バナナ〟

ない。泥濘にハマると抜けられなくなるし、岩や丸太が転がっているような極端な起伏の場所も走れない。また、高速で移動するにはやはり整備された道路が必要であった。

だが、軍事作戦を遂行する場合、「通れません」では済まないこともある。そこでアメリカ軍へ「空飛ぶ車両」の売り込みが行なわれるようになる。パイアセッキ航空機会社も試作機開発に名乗りをあげた会社の一つである。パイアセッキ航空機会社を興したフランク・パイアセッキはタンデムローターヘリの元祖「**フライング・バナナ**」※で知られる技師であった。

パイアセッキが提案した機体は、タンデムローターヘリのエッセンスを非常に小型化したものともいえる。

タンデムローターは、前後二つのローターを機体の中心に搭載したエンジンで回転させる構造だが、欠点として前後どちらかのローターがパワーダウンした場合、残った方

※**フライング・バナナ**
アメリカのパイアセッキ・ヘリコプターが開発した世界初のタンデムローター・ヘリコプター「パイアセッキ HRP レスキュアー」のこと。軍用ヘリコプターとして採用され、1947年から運用された。

が出力過剰になり、バランスを崩すことだった。最悪のケースでは、機体が反転して墜落する危険性もあった。そこでパイアセッキは、前後のローターとエンジンをシャフトで連結。ローターを同時に回転させて、どちらか片方だけが止まるという事態を防いでいる。

最初の試作機は１９５９年に初飛行に成功する。その後、推進力を増すために機体をやや「くの字」に曲げ、後部ローターに角度をつけてローターの噴流が少し後ろ向きに吹き出す構造にした改良型が１９６２年に完成した。この実験機は、当時としてはかなり突飛な乗り物だったが、意外にも問題なく飛行して見せたという。

飛行試験の VZ-8P

●実用化されなかったエアジープ

これら飛行車両は「**VZ‐8 エアジープ**※」(Piasecki VZ-8 Airgeep)」と呼ばれた。本来ジープの綴りはＪＥＥＰであるが、商標の問題

※**VZ‐8 エアジープ**　乗員は2名（操縦士と副操縦士兼砲手）で、後期型の場合は最大5名まで載ることできた。最高時速は１３６キロで航続距離は30海里（約56キロ）だった。

初飛行中の陸軍パイアセッキ・エアジープⅡ

から「Airgeep」という綴りが使われている。

まだ試作段階ではあったが、ＶＺ－８はうまく飛行して見せたし、海軍向けに試作された**シージープ**[※]は海上を飛んで見せた。これは艦から艦へ連絡用に飛び回ることが想定されていたという。

しかし、結局は、エアジープが正式採用されることはなかった。

問題は色々指摘されているが、やはり効率が悪いという点は大きかった。数人の乗員を運ぶには機体が高価過ぎる。物資を運ぶにもトラックに劣り、飛行機械として使うにもヘリの方が優れている。さらに偵察任務に使うには騒音が大き過ぎたし、ローター直径が小さいために回転数を上げなければならず燃費も悪かった。画期的な乗り物ではあったが、そうした非効率性を覆すような具体的な使い道が見つからなかったのである。

その後、アメリカ軍は本格的なヘリコプターの開発に注力し、ベトナム戦争でヘリが

※シージープ
ＶＺ－８の初期型をベースにしたモデル。水面に着陸できるよう、フロートが装着されている。

大活躍する。結果としてはその選択は正しかったのだ。

21世紀になり、コンピューターやセンサー、小型高出力モーターの発達で、ローターを複数持つ**マルチコプター**※の技術が発展し、高出力なモーターをコンピューターで精密に制御し、操縦者はほとんど方向を指示するだけで飛行できるようになった。

もっとも、空を飛ぶ乗り物としては複数あるローターの出力バランスがわずかでも崩れると墜落の危険がある、バッテリーの問題で**航続時間が短すぎる**※、ヘリと同じく着陸時に強烈な下降気流を巻き起こし、回転するローターも危険で、現実的にはヘリポートに着陸するしかない（そのように法律で定められている）ため、ヘリに比べて優位性が少ないなど課題も多く、手軽に使える飛行機械にはなりにくいのが実情である。

バッテリーの性能が改善されて長時間飛行できるようになり、かつ何もない野っ原で使うのなら、少なくとも純粋に機械としてみればガンダムの登場メカの中ではもっとも実現に近い乗り物である。

※**マルチコプター**
ちなみに、無線操縦マルチコプターのことをドローンと呼び習わす習慣があったせいか、日本ではマルチコプターのことをドローンと呼ぶことが多い。ドローンとは小型無人機の総称であり、マルチコプターのことを指すわけではない。

※**航続時間が短すぎる**
航空機は着陸地点に問題があった場合に備えて、通常の飛行時間にプラスして空中待機できる航続時間が必須。

【第三章　宇宙世紀の装備】

要撃爆撃機ドダイYSとヒラーVZ1

22

要撃爆撃機にグフを載せて運ぶ

宇宙兵器であるモビルスーツを地上で運用するに際して、問題になったのがその移動コストである。宇宙空間で単に移動するだけなら、計算で導き出された方向へ、計算で導き出された秒数だけ、スラスターを噴射すれば良い。空気抵抗のない宇宙空間ではそれだけでどこまでも機体は飛んでいくのである。

一方、地上ではモビルスーツは自分の足で歩かなければならない。これは脚部ユニットに恒常的に負担がかかることを意味する。脚部が障害物に衝突して故障する可能性も高く、展開速度も遅くなるなど、消耗の割に効率が悪かった。連邦軍にせよジオン軍にせよ、地上用のモビルスーツ輸送車両を開発していたが、巨大すぎて相当にひらけた道

DATA

ドダイ YS

ジオン軍の開発した垂直離着陸式の爆撃機。機体上面が平べったい形状から、グフなどのモビルスーツを載せて運用する戦術が考案された。

【スペック】
全長：23m
武装：ミサイル・ランチャー×8

路や平地でなければ使用できず、移動できる[※]のは陸地に限られたため、使える作戦が限られていた。

ジオン軍は偵察機[※]**ルッグン**に一機のザクⅡをつかまらせ、そのまま空輸するという戦術をとったこともあった。だが、これは絵的にも無理がある作戦で、戦術としても本来武器を持つべき両手で機体に掴まってしまっているため、敵に急襲された際も反撃が難しい。また、ルッグンの機動性も削いでいるため、ザクもろとも撃墜される危険が大きかったと思われる。

ジオン軍は、純粋な地上戦用モビルスーツであるグフを開発、配備するに際し、この問題を解決しようと試みた。グフに飛行能力を与え、自力飛行が可能なように改造した「グフ・フライトタイプ」が試作されるもこれは

※移動できるのは陸地に限られた
ギャロップなどホバー車両は除く。

※ルッグン
ジオン軍の偵察機。無尾翼の全翼機であり、異様に長い基部の先にレドームを持つ異形の航空機だが、意外にも運動性良好で完成度が高く多方面で使用された。

失敗。そこで目をつけたのが爆撃機ドダイYSである。ドダイYS（ド・ダイYSという表記もある）は、垂直離着陸式の爆撃機であり、機体前面に8連装ミサイルランチャーを装備する。※

このドダイYSには、上部が平たくなっており、非戦闘時には貨物も輸送できるというおまけのような機能があった。おそらく垂直離着陸用のエンジンの出力が軍の仕様要求を思い切り上回ってしまい、もったいないのでついでに付加した機能ではなかっただろうか。この余剰出力がモビルスーツを搭載したまま飛行するのに十分だと判明したのが大きな転機となる。

すぐにジオン軍ではドダイにグフを載せて飛行する戦術の研究に入り、ドダイとグフをセットで運用することでモビルスーツに空中戦をさせることが可能であることを確認する。もちろんモビルスーツの輸送も速く、少ない消耗で実施することが可能となり、グフとドダイの連携攻撃は連邦軍にとって恐るべき戦法となった。

ドダイYSとそれに搭載されたグフ、護衛戦闘機としてドップを付けた部隊は、いわば爆撃機、戦闘機、地上用兵器と変幻自在に変化しながら戦えるという特異な戦闘部隊であり、その戦術的柔軟性は対応が困難なものだった。

ホワイトベース隊に補給物資を届けるために出発したマチルダ隊のミデア輸送機を次々に撃墜、不時着に追い込んだシーンは印象的で、救援のためにホワイトベースから

※ドダイYSの分類

ドダイYSは、「要撃爆撃機」といういささか奇妙な機体として分類されている。「要撃機」とは本来、味方勢力圏内に侵入してきた敵機を迎え撃つ戦闘機のことであり、「爆撃機」は敵地の地上における戦略、戦術目標を爆撃して破壊する機種のことである。現実世界には「要撃爆撃機」というカテゴリーはないが、ジオン軍では連邦軍の地上軍を迎え撃つ、独自の機種が必要と判断されたのだろう。

出撃したコアファイター（後にガンダムに換装）、ガンペリー（ガンダム輸送）、ガンキャノンがかなりの苦戦を強いられた。

空中と地上からの同時攻撃は、さしものガンダムも中破を余儀なくされたが、面白いというべきか、皮肉というべきか、このホワイトベース隊の危機を救ったのは、地上兵器としても戦闘爆撃機としても使用でき、ガンダムを載せて飛行可能な新兵器Gファイターだった。ドダイYSやGファイターはのちに「サブフライトシステム」と呼ばれる、モビルスーツに飛行能力を付加させるためのマシンとして進化していくことになる。

考察――アメリカ軍の空飛ぶ兵士計画

さて、歩兵の移動速度が遅く、行動範囲が限られるという問題は現実の軍隊でも同様に存在した。

第二次世界大戦時、ナチスドイツでは兵士に飛行装置を取り付けて「空飛ぶ兵士」とし、これを「**ラストバタリオン**※」と称したという伝説めいた話が伝わっているが、実際にはそのようなものは存在しなかったようである。

※**ラストバタリオン**
ナチス総統のヒトラーが敗戦間近の演説で語ったとされる「謎の大隊」。落合信彦の著書『20世紀最後の真実』によって広まったが、日本以外で話題になることは少なく、その存在自体も確認されていない。

実験中のヒラー VZ-1 ポーニー

●フライング・プラットフォームの開発

本格的に空飛ぶ兵士の研究を開始したのは1950年代のアメリカ軍で、人間1人を乗せて自由に飛ぶ機械のアイデアを国内の航空機メーカーから募集し始める。これらの機械を総称して「フライング・プラットフォーム」という。

その中でも有名なものが「※ヒラーVZ・1ポーニー」だ。

ヒラーは有名なヘリコプターメーカーである。ポーニーは空冷2ストロークエンジン二基を使い、二重反転式のローターを高速回転させ、それをダクトで覆い強力な噴流を下方に噴射して飛行する機械である。兵士が搭乗する部分はぐるりと手すりに囲まれており、左手でスロットルレバーを握り、体重移動することによって移動する方向を変えることができた。兵士はその上の足場に立つ形になる。またバランスを取れば両手で銃を構えて敵を攻撃することも可能だった。

※**ヒラーVZ・1ポーニー**
ヒラー社がアメリカ海軍研究との契約に従い、1953年から開発を始めた。初飛行は、1955年。オリジナルとエンジンを三基に増やしたVZ・1Eの2モデルがあり、各三機ずつ製作された。

ポーニーは軍から改良型が求められて、ＶＺ－１Ｅという形式のものも作られた。これはエンジンを三基に、ローターの面積を倍増させてよりパワーアップしたものだった。

空飛ぶ歩兵……沼地であろうと山岳地帯であろうと海であろうと関係なく高速で侵攻し、空中から敵を攻撃。地上に降りれば歩兵として敵基地を制圧可能という恐るべき新戦闘システムの誕生という目論見がアメリカ軍にあったのだろう。

実験中のヒラー HZ-1 エアロサイクル

●**実用化するには遅すぎた**

実際、ポーニーは飛行には成功した。だが、最高速度が時速26キロしか出なかった。これでは敵兵のいい的になってしまう。

デラックナーという会社も**ＨＺ－１エアロサイクル**※というフライング・プラットフォームを提案している。ＨＺ－１は巨大な竹とんぼのような姿の乗り物で、ヘリのような長いローターをエンジンで二重反

※**ＨＺ－１エアロサイクル**
デラックナー・ヘリコプター社が製作したパーソナル・ヘリコプター。１９５４年に初飛行に成功している。

転式に回し、その上に人が乗る足場とハンドルがある。

ＨＺ‐１も飛行には成功したが、最終的には事故で墜落している。

そもそもローターを回転させて飛ぶ飛行機械の場合、できる限り大きなローターをゆっくり回すほうが効率がいい。直径が小さなローターだと、揚力を得るために高速回転させねばならず、燃料消費量が多くなってしまうのだ。

性能自体は未来的なポーニーより竹とんぼのお化けのようなＨＺ‐１の方が良かったそうである。※だが、結論からいえば、どちらも採用されなかった。フライング・プラットフォーム計画には数社がアイデアを出したが、実用に耐えるアイデアはなく、計画自体が中止になってしまったからだ。

サブフライトシステムには「モビルスーツを載せて飛べるくらいの出力があるなら、ビーム砲を乗せれば高性能モビルアーマーになるだろ」という身も蓋もないツッコミが存在する。まあそれはそうなのだが、地上兵力に空を飛んでもらいたい、という願望は現実世界にも存在したことは留意しておく必要がある。

※ポーニーとＨＺ‐１の性能比較
本文で述べたように、ポーニーの最高速度は、時速26キロ。また、最大上昇限度は10メートルだった。対してＨＺ‐１は最高速度は121キロ（巡航速度は時速89キロ）、最大上昇限度は1500メートルと、カタログ上はＨＺ‐１が圧倒していた。

【第三章　宇宙世紀の装備】

宇宙装備パーソナルジェットとロケットベルト

23

宇宙世紀に必須の小型ロケット噴射装置

宇宙世紀のコロニー居住者にとって、空間の移動に使うパーソナルジェットは必須の道具である。重力のない宇宙空間では地面を歩いたり走ったりすることはできず、壁を蹴って勢いで移動しても、それでは方向転換が困難なのだ。

たとえば水中であれば、体は浮いていても周囲は水という物質で満たされているので、その中を掻いて進むことができる。しかし、**宇宙空間はほぼ真空**※なので手足を動かしてもただ虚しく空を切るだけで、一点に完全に静止してしまうとその位置から移動できなくなる。最悪の場合、死んでミイラになり、永久にそのままである。

※**宇宙空間はほぼ真空**　厳密にいえば水素やヘリウムなどのガスが原子レベルでごくわずかに漂っているが、あまりにも希薄（場所にもよるが1平方センチあたり原子1個以下）なため、ほぼ真空と考えて差し支えない。

DATA

パーソナルジェット

一年戦争時に広く使用された個人用のジェットパック。宇宙空間で使用するものは、ランドムーバーと呼ばれることがある。宇宙空間だけでなく、重力のある地球上でも使用することができた。

そのため、宇宙空間では噴射による反作用を発生させる器具が絶対に必要であり、宇宙船やモビルスーツにも当然脱出用パーソナルジェットが搭載されている。

パーソナルジェットは人間が1人で背負って運べるほどの、小型のロケット噴射装置である。宇宙空間はもちろん、重力下でも人間を飛行させるほどの推力があり、突撃隊員には欠かせない装備である。

無重力の宇宙空間と違い、地上には重力と高低差があるため、宇宙空間ではなんの障害にもならないような幅4〜5メートルほどの溝でも、生身の人間では超えられない障害となるし、山地や湿地も移動困難な地形だ。※このような場合、航空機を使わなくともある程度の飛行が可能なパーソナルジェットは、非常に有用な移動手段となる。

※**移動困難な地形**
平坦地であれば連絡用のオフロード車でも移動はできるが、あまりに起伏が大きかったり泥濘地帯だと移動が不可能となる。

実際、ゲリラ戦で知られるランバ・ラル隊はミノフスキークラフトによって飛行するホワイトベースを急襲するためにパーソナルジェットを使用したし、そのホワイトベース隊もガンペリーからの偽装脱出時などにパーソナルジェットを活用している。

考察――ロケットベルトとジェットベルト

このような宇宙装備の元祖は、よく知られており、かつ実際に使用されたものとしてはNASA（アメリカ航空宇宙局）の「MMU※（有人操縦ユニット）」がある。

1984年、スペースシャトルの飛行において使用された。

宇宙服にスラスターと推進剤タンクのついたユニットを取り付け、命綱なしでの船外活動を可能としたのがMMUである。MMUは母船から完全に切り離した状態で移動できるので行動の自由度が高く、活躍と発展が期待された。

しかし、現実には当時の技術で母船から完全に離れて活動するのはリスクが大きすぎ、それに見合うだけの作業を行なう能力もなかった。

結局、MMUは1984年のミッションで「不要」と判断された。

その後の船外活動は、宇宙船のロボットアームに宇宙飛行士用の足場を設け、そこに

※MMU
「Manned Maneuvering Unit（有人操縦ユニット）」の略。バックパックのように背負って装着する。推進剤を満載した際の重量は148キロあった。1984年2月7日のスペースシャトル・チャレンジャーによるミッションで初めて使用される。その後、2度使用されたが、再検討の結果、危険すぎるために廃止された。

背負っているバックパック風のものがMMU

飛行士を固定して作業位置までロボットアームを伸ばす、といった作業方法が主流となる。もちろんMMUには大気圏内で飛行できるような性能はなく、宇宙世紀のようなパーソナルジェットには程遠いものだった。

　地上での類似の兵器開発について見てみると、第二次世界大戦中にはすでに、兵士にローター付きエンジン、もしくは初期のジェットエンジンを背負わせて※**空飛ぶ兵士にするという計画**がナチスドイツに現れている。当時の技術ではこの計画は実現困難で、それほど本気で推進されたわけでもないようだ。

　しかし、地形をものともせずに素早く移動できる兵士の需要はあり、第二次世界大戦後、アメリカでは兵士に飛行能力を持たせる機材がいくつも試作されている。

●実際に飛んだベルのロケットベルト

※空飛ぶ兵士にするという計画
1942年にオーストリアのポール・バウムゲルトという発明家が小型エンジンとローターを背負って回転させるヘリオフライⅢ・57という機材の実験をしたらしい事が記録に残っている。実際には個人の発明に過ぎず、軍の後援すら受けてなかったかも知れない。ジェット機材の方は兵器として研究さ

たとえば「サブフライトシステムの元祖　ドダイYSとヒラーVZ1」（192ページ）で紹介した1950年代に開発されたHZ-1エアロサイクルやVZ-1ポーニーはその代表的なものだろう。しかし、これらはあくまで乗り物であり、〝空飛ぶ兵士〟と呼べるものでもなかった。

そんな中、航空機メーカーのベル・エアロシステムズ社が軍にユニークな提案をする。非常に反応性の高い物質である過酸化水素を燃料にした個人用のロケット噴射装置「ロケットベルト」を作るというのだ。

ベル・ロケットベルト

ロケットベルトは、人間が背負って歩ける程度の大きさで、燃料の過酸化水素が詰まった燃料タンクが2本と、その真ん中に燃料を押し出すための圧力を生む窒素ガスタンクで構成されている※。

エンジンを始動させると窒素ガスによって圧力を加えられた過酸化水素がパイプの中を移動して金属触媒に接触、分解反応によって高温高圧の水蒸気が発生し、これを噴出することで推進力を得る。高圧蒸気を噴出するノズ

れヒンメルシュテルマー・フライトパックなどと呼ばれ、パルスジェットエンジンで川や地雷原などの障害物を飛び越すことを想定していたという。

※ロケットベルトの装備重量
装備重量は約57キロだった。

ルは両手で握っているハンドルに固定されており、これを動かすことで操縦できた。

これを兵士が装備すれば、地雷原もひとまたぎ、要塞の壁などものともしないスーパーマン兵士になる……予定であった。

たしかにロケットベルトには人間1人を飛ばす能力があり、1960年には飛行に成功し公開試験で飛び回って見せた。しかし薬液を使用するロケットエンジンは燃料の消耗が激しく、航続時間がわずか20秒しかなかった。これではあまりに実用性に欠ける。

さらに飛行高度が低いということは、パラシュートを開くのに必要な高度も足りないということでもある。万一、故障すれば（中途半端に飛行高度が低いが故に）墜落死する可能性があった。しかし、そうかといってタンクの容量を増やすわけにもいかない。そうすれば重くなりすぎて、人が背負えなくなってしまう。

結局、ロケットベルトは**イベントで数十秒飛行**※してみせるパフォーマンス用機材以上にはならなかったのだった。

●**改良型のジェットベルト**

一方、より燃料の消費量が少ないジェットエンジンを利用する方式がロケットベルトの次にやはりベルによって試され、これは「ジェットベルト」（または「ジェットパック」）と呼ばれている。

※**イベントで数十秒飛行**　YouTube で「Bell Rocket Belt」と検索すると、ロケットベルトで飛行するところを撮影した動画がいくつも出てくる。

しかし、ロケットベルトが簡単に反応する燃料を使った比較的シンプルな「化学の実験装置」のようなものなのに比べ、ジェットエンジンは精密パーツの塊であり、信頼性を保つのに戦闘機整備クルーを思わせるサポートチームを連れて歩かなければならず、もはや手軽な個人用飛行装置とはいえなかった。そのため、ジェットベルトも実用兵器にはなっていない。

21世紀に入ると小型で高出力のジェットエンジンが完成し、発明家によって個人用の飛行装置が次々と発明されている。2010年台後半には、イギリスの発明家リチャード・ブラウニングが**超小型ジェットエンジンによる個人飛行機械**※を製作。興味を示したイギリス軍が研究を開始し、2022年には少なくとも兵士を飛び回らせること自体は成功している。

ベル・ジェットベルト

現在のジェットパックは過去のものと比べて格段に安定して飛べるように見えるが、腕に装着するため、武器などを持つことはできない。具体的にどういう用途に使うのかは不明だが、今後の研究の推移を見守りたい。

※**超小型ジェットエンジンによる個人飛行機械**　ダイダロス・フライト・パックと呼ばれる機械。重量は約27キロで、腕や背中に装着した小型ジェットエンジンで飛行する。最高時速は約140キロ。リチャード・ブラウニングの設立したグラビティーインダストリー社では、機械の販売や飛行体験なども行っている。

【第三章　宇宙世紀の装備】

ジオン軍潜水艦隊と西暦の潜水艦戦

24

経験の差を埋めるジオン軍の戦略

宇宙世紀0079年3月11日、ジオン軍は地球に対する第二次降下作戦を実施、目標は北米である。北米西海岸には、巨大な軍事拠点である**キャリフォルニアベース**[※]が存在し、連邦軍本部ジャブローの守りを担う重要な基地として機能していた。しかし、ブリティッシュ作戦によって甚大な被害を受けた北米の連邦軍部隊は反撃能力を喪失しており、キャリフォルニアベースはあっけなくジオン軍に制圧されてしまう。

キャリフォルニアベースは単なる駐屯地ではなく、兵器の研究開発から生産まで行なえる巨大施設であり、この基地を手に入れたことはジオン軍にとってまさに大収穫であった。特に、建造中の潜水艦を丸ごと無傷で手に入れることができたのは、海を持た

※**キャリフォルニアベース**
北米最大の連邦軍基地。潜水艦の発着から宇宙船打ち上げ、兵器開発まで軍事に関することはあらかた実行可能な巨大施設だったが、一年戦争初期の第二次降下作戦でジオン軍に占領され、以降終戦までジオン軍の基地だった。

DATA

ユーコン級潜水母艦

一年戦争時にジオン軍が運用した潜水母艦。キャリフォルニア・ベースで接収した地球連邦軍のⅦ型潜水艦の核ミサイルサイロを格納庫に改修。ゴッグやズゴックなどの水陸両用モビルスーツを二機搭載した。対空対艦ミサイルなどの武装を有するが、詳しいスペックは明らかにされていない。

ない宇宙都市国家であるジオン軍にとって大きな意味があった。潜水艦は極めて高度な軍事機密の塊であり、しかも船舶の建造のノウハウも詰まっている。この後、ジオン軍はモビルスーツを格納して運用することが可能なユーコン級及びマッドアングラー級潜水母艦を建造。それらを使って連邦の港湾破壊や上陸作戦などを行なっていくことになる。

本来、潜水艦の運用は乗組員の経験がものをいう。その点、ジオン軍の船乗りはあくまで宇宙船乗りであり、海洋での経験という点では※**連邦軍の海兵に見劣りしたはず**だ。

そこで重要になるのが、巨大な水中戦闘員ともいえる水陸両用モビルスーツである。潜水艦の戦闘は、いかに敵に見つからずに魚雷発射に有利な位置を取るかが勝敗を分ける、騙し合いとかくれんぼの勝負となる。だが、

※**連邦軍の海兵に見劣りしたはず**
電波の減衰が激しく、一方で音波の伝達が空気中より早い海中ではソナー（音波探知機）が主力になる。単純な潜水艦戦では経験の乏しいジオン軍に勝ち目はなかっただろう。

潜水艦よりはるかに小さく、しかも柔軟な行動が可能なモビルスーツは連邦海兵の経験でも予測不能な奇襲的攻撃が可能で、連邦軍を大いに苦しめた。上陸作戦にあっては水陸両用モビルスーツの独壇場で、たとえばベルファストに上陸したたった二機のゴッグに連邦軍守備隊はなす術なく、ドック入りしていたホワイトベース隊の活躍がなければ壊滅していたところであった。

もっとも、地球の七割を占める広大な海洋のすべての制海権を手中に収めるには、ジオン軍の潜水艦隊はあまりに規模が小さく、本来、潜水艦が得意とする通商破壊、連絡線遮断などはそれほど大々的には行なわれなかったようである。

しかし、「モビルスーツが襲撃してくるかもしれない」という可能性があるだけで連邦軍としては事前に対処せざるを得ず、必要以上の戦力を艦隊防御に振り向けねばならないため、ただでさえ損耗激しい部隊をさらに分散しなければならなかっただろう。

これは戦術というより戦略的な優勢であった。

考察――潜水艦から出撃する特殊部隊シールズ

潜水艦という極めて隠密性の高い兵器は、工夫次第で様々な運用が考えられる。

甲標的

核攻撃の要として、大陸間弾道ミサイルを装備した戦略原潜が味方ですら現在位置を知らぬほどの機密の中で深海に潜み、仮想敵国を核兵器で威嚇し続けているのもその一例である。

●水中の戦闘機、日本軍の「甲標的」

もちろん、現実の世界にも潜水艦に小型兵器を搭載し、母艦として機能させるという発想は存在した。日本海軍が太平洋戦争中に運用した「甲標的」はその一例である。

甲標的は23・9メートルの小型潜水艇で魚雷二門を装備し、本来は外洋において侵攻してくる敵艦艇を待ち伏せ攻撃し、艦隊決戦に先んじて敵兵力を削ることを目的としていた。母艦となる潜水艦から出撃する水中の戦闘機として期待されたが、肝心の甲標的の**性能に著しい問題**※があり活躍したとは言い難かった。

※**性能に著しい問題**
まず小型艇の割に機動性が悪く、旋回時の径が450メートル（改良後でも300メートル以上）と大回りしなければ回頭できなかった。また、潜望鏡が短いので潜望鏡深度まで浮上すると波の高い外洋では船体が海面から飛び出し自艇の位置を暴露してしまった。そのほか、性能の低いソナーしか積めない、速度が遅い、生命維持装置の性能が低いなど問題だらけの兵器であり、水陸両用モビルスーツのように活躍することはできなかった。

チャリオット

●潜水艦から出動する特殊部隊

むしろ宇宙世紀のゴッグなどのモビルスーツのように活躍したのは、潜水艦から出動する特殊部隊であろう。

水中スクーターにまたがり、停泊中の敵艦に爆弾を仕掛けるという戦法は第二次世界大戦期にはすでに行なわれており、イタリアの**マイアーレ**※やイギリスの**チャリオット**※が有名である。

20世紀後半から21世紀にかけて潜水艦の性能が向上すると、特殊部隊の潜入作戦に原子力潜水艦が使われるようになる。

有名なのがアメリカ海軍の特殊部隊「**シールズ**※」（Navy SEALs）である。シールズは空からの空挺降下、陸上からの侵入も行なうが、やはり海軍の特殊部隊らしく潜水任務を得意としている。

シールズは候補生の八割が脱落するという過酷な訓練をくぐり抜けたエリート集団で

※マイアーレ
第二次世界大戦の地中海海戦でイギリス艦隊の艦底に水雷を仕掛け、大破させるなど戦果を挙げた。

※チャリオット
潜水艦から出撃し、敵艦に爆発物を仕掛ける。1944年10月には日本軍の支配下にあったシャム（現在のタイ）のプーケット湾を攻撃。2隻の艦艇を沈めている。

あり、海中の潜水艦から出撃、海岸から人知れず上陸し、目標を破壊もしくは暗殺し再び海に消えるという高難度の作戦をこなす能力を持つ。アメリカ海軍の原潜にはこのシールズを輸送するための特殊装備を持つ艦がいくつか存在している。

SEALs 輸送潜水艇「SDV」

ドライデッキシェルターと呼ばれる、いわば注水することができる頑丈なカプセルを潜水艦の甲板上に設置、この中に**SDV**※（SEAL Delivery Vehicle）と呼ばれる小型潜水艇を格納してある。

潜水艇といってもSDVは艇内部も浸水する構造で、呼吸は艇内のタンクか自前の酸素ボンベから行なう。操縦士及びナビゲイターと武装した隊員4名の計6名を乗せて水中から出撃、上陸地点近くまで移動後にスライド式のハッチを開放して出撃する。シールズが装備する銃器は海水につけても動作する特殊仕様となっており、自動小銃を構えたまま海岸から上陸することができるのである。

※**シールズ**
1962年に設立されたアメリカ海軍特殊部隊。隊員数は約9000人。海にとどまらずあらゆる場面で作戦に従事。近年ではタリバンの指導者ウサマ・ビン・ラディンの暗殺で知られる。映画『アメリカン・スナイパー』（2015年）の主人公クリス・カイルもシールズだった。

※**SDV**
開発計画は1975年にスタートしており、SDVは映画『ネイビーシールズ』（2012年）にも登場している。ちなみにこの映画には本物のシールズ隊員が多数出演。主人公のローク大尉もシールズの隊員が本名を隠して演じている。

原子力潜水艦「ダラス」のドライデッキシェルターに格納されるSDV

また、特殊装備を持たない潜水艦であっても魚雷発射管から出入りする訓練を行なうことで、特殊部隊の運用が可能になるという。

アメリカ海軍の**バージニア級原子力潜水艦**※には、最初からシールズを輸送するための装備が搭載されている。これは大規模な全面決戦よりテロリスト相手の小規模な戦争に介入する機会が増えたためであろう。

潜水艦からSDVを発進させ、そこから特殊部隊が敵地への侵入を図るという戦法は、潜水母艦とアッガイ、及びその搭乗員での破壊工作を行なうジオン軍特殊部隊の戦法の元祖といえよう。

※**バージニア級原子力潜水艦**
2000年から建造されているアメリカ海軍の原子力潜水艦。調達価格が高騰しすぎたシーウルフ級のコストダウン型として計画。潜望鏡の操作にXbox360のコントローラを転用するなど予算削減のために民生品が取り入れられている。

【第三章　宇宙世紀の装備】

ジオン軍高速連絡艇シーランスと地面効果翼機

25

カテゴリー分けを拒絶する異形の連絡艇

海上の場合、人員の移動には連絡艇が必要である。艦船は海に浮いているため、すぐ隣にいる船に行くにしても歩いていくわけにはいかない。どんなに近くてもモーターボート、もしくはなんらかの短距離の飛行手段が必要になってくる。大型船には連絡用のモーターボートは必ず搭載されており、これを称して「**ランチ**※」といった。

しかし、距離が遠い場合や緊急を要する場合には、より高速の移動手段が求められ、そのために多用されたのが高速艇シーランスである。

シーランスは**マッド・アングラー隊**※に装備されていたことで知られる高速連絡艇であ

※**ランチ**
ガンダム世界では宇宙船同士、または宇宙船とコロニーを行き来する船をランチと呼ぶ。

※**マッド・アングラー隊**
大型潜水艦マッド・アングラーを中心とした艦隊。シャア・アズナブルが指揮し、特殊部隊として水陸両用モビルスーツを運用する。

DATA

シーランス

ジオン軍の大型潜水艦マッド・アングラーに搭載されている小型の高速連絡艇。水上を滑るように進むことができる。攻撃能力があるとの説もあるが、詳細は不明である。

る。厳密には単なる連絡艇ではなく、ある程度の戦闘能力を有していたともいわれるが、戦果は不明である。潜水艦隊と水陸両用モビルスーツを主力としたジオン公国海軍が、このような機動的な水上兵器を正面攻撃に使用したとは考えにくく、よほど特殊な作戦以外には使わなかったのではないだろうか。

そもそもマッド・アングラー隊自体が地球降下作戦のおり、連邦軍キャリフォルニアベースを制圧した際に、連邦軍の潜水艦隊を新造艦も含め、丸々接収して設立された部隊である。おそらくシーランスも連邦軍の軽戦闘艇の類だったのではないだろうか。

設定的にも宇宙都市国家であるジオン公国軍には造船技術はほぼ皆無であり、シーランスのような気の利いた小型艇を用意して地球に降下してきたとは考えにくい。

※MS揚陸用ホバークラフト
陸戦用モビルスーツを搭載して海岸から上陸させるのが主な任務で、やはりシーランスに似た姿をしている。武装は二連装機関銃砲塔一基。

ジオン軍は他に**MS揚陸用ホバークラフト**[※]と称する船を使用していた。海面すれすれを航行するこの舟艇はミノフスキー粒子散布下でただでさえ困難なレーダーによる索敵をますます困難なものとし、その発見されにくさから潜入作戦に多用されたようである。もっとも、シーランスは一目見ても分かる通り、とても船と呼べる物ではない。その形状はまるで航空機のようである。

よくシーランスを指して「連絡用ホバークラフト」などと呼ぶ。しかし、正確にいうなら狭義の**ホバークラフト**[※]とは船体下部のスカート内にエアを吹き込み、船体を浮かせて滑走するエアクッション艇のことであり、シーランスをホバークラフトと呼ぶのは些かの議論が必要になるだろう。

考察──西暦時代の地面効果翼機

シーランスはどのような乗り物に分類すればいいのだろうか。

西暦時代の乗り物と比較すると、近いものとして地面効果翼機が思い浮かぶ。飛行機のような高速を出せる船舶を開発するため、半分飛行機、半分船舶のような乗り物は戦後、冷戦期を中心に開発されていた。これが地面効果翼機である。

※**ホバークラフト**
陸上と水上のどちらも移動することができる水陸両用艇。現在のような船体下部のスカートに空気を送り込むタイプは、1952年にイギリスで発明された。日本でも旅客輸送に使用されていたが、利用者減などですべて廃止。長らく途絶えていたが、2024年に大分～大分空港間で再開される見込みになっている。

NACA（※）で行われたグライダーを使った地面効果の研究（1938年）

●地面効果翼機とは？

地面効果とは飛行機が地面すれすれを飛行するとき、揚力の発生と機体の前進を邪魔する気流の機体上面への回り込みを地面が妨害することで、飛行機の揚力が増し、空気のクッションに乗ったような状態になることをいう。

通常の飛行機の場合、着陸の滑走時に狙ったポイントに接地できないのは危険なことなので、無駄に機体が浮き上がるのは決して良いことではない。だが、逆にこの効果を利用すれば地面すれすれを高速で飛び続けることができ、同じ積載量の航空機と比べて、よりコンパクトな航空機が作れる。

地面効果といいつつ、実際には起伏や障害物のない水上でなければ使えないため、地面効果翼機は本質的には飛行艇の一種となる。

※NACA
アメリカ航空諮問委員会。第一世界大戦中の1915年、産官学の連携推進のために設置されたアメリカの政府機関のひとつ。航空工学の先進的な研究を行った。戦後はその機能はNASAに引き継がれている。

●リピッシュ博士の地面効果翼機

地面効果翼機の研究の結果、いくつかの特徴的な機体が残されている。

特に有名なのがドイツの発明家アレクサンダー・リピッシュ博士が試作した機体である。リピッシュ博士はもともとドイツで航空機の研究をしており、ナチス向けに※**数々の独創的な実験機、試作機を提案**している。

地面効果翼機を研究したアレクサンダー・リピッシュ博士（左）

戦後は研究の場を求めてアメリカに渡り、コンベア社で新型ジェット機の開発に協力したのち、コリンズラジオ社の航空機部門でこれまた独創的な航空機をいろいろ提案しているが、その中の一つに地面効果翼機があった。

地面効果翼機は機体の大きさが同じなら通常の航空機より揚力が強い分より多くの荷物が詰め、速度は船舶よりはるかに速く、トラブルの際は着水できるので飛行機より安全だった。そのため未来の乗り物として期待されたのである。

しかし、地面効果翼機は単に飛行艇を低空飛

※数々の独創的な実験機、試作機を提案
その中のひとつが、世界の航空機史上、唯一の実用ロケット推進戦闘機のＭｅ１６３コメート（左）。驚異的な上昇力とスピードを誇った。同機の資料が日独間の連絡潜水艦便でもたらされ、日本でも局地戦闘機秋水（Ｊ８Ｍ）が開発されている。

リッピッシュ博士の開発したRFB X-114（初飛行は1977年）

行させればいいというものではなく、より効果的に地面効果を発生させる主翼の形状を研究する必要があった。

リピッシュ博士は研究の末、前後幅が広く、前端がもっとも全幅が長くなる形状、つまり逆三角形の形がベストだと割り出し、この研究に基づいて地面効果翼実験機※**X・112**を完成させた。X・112は軽快に飛行し、博士の理論が正しいことを証明して見せた。その後に興した自分の会社でX・113、X・114と次々に地面効果翼機を開発していったが、結局実用化には至らなかった。

ソビエトでもやはり地面効果翼機※**エクラノプラン**が研究されていたが、こちらはシーランスのような小型機ではなく、対艦ミサイルを搭載した大型機であり、波の静かなカスピ海で秘密のうちに開発が進められていたため「カスピ・モンスター」などと呼ばれていた。こちらも実用化に失敗し、放置された。ちなみにエクラノプランの一つ、ルン級ミサイ

※**X・112**
1963年の初飛行では、当初は水面を滑走。速度が約60キロに達したところで、地面効果によって浮上した。最高時速124キロを記録し、2名乗せても安定した飛行ができた。

※**エクラノプラン**
ソビエト連邦が1940年代から開発していた大型の地面効果翼機の総称。1

ル艇は機首部分にエンジンが搭載されており、シーランスに近い。

地面効果翼機は利点も多い一方、高波に弱い、**急旋回しにくい**※などの欠点があった。日々刻々と気象条件が変わる海上では使いにくく、盛んに研究されたものの実用的な乗り物にはついにならなかったのだ。

シーランスの稼動状態の映像を見る限り、地面効果の他に補助的なジェット噴射で機体制御を行なっているようである。シャア・アズナブルはマッド・アングラー隊に配属された際、このシーランスを連絡艇として使用し、その見事な操縦に見ていた士官が感嘆の声をあげるというシーンがある。

宇宙世紀の未来技術によって地面効果翼機の欠点がある程度解消されていたとすれば、シーランスは数多の発明家が夢見た高速艇の完成型といえるだろう。

エクラノプラン

966年には全長92メートル、最大積載時の重量が540トンに達し、水上を時速400キロで巡航するKMを製造している（1980年に事故で喪失）。

※**急旋回しにくい**
旋回時に機体を傾けすぎると翼端が水面に接触してしまう。

あとがき～ガンダムという奇跡～

「機動戦士ガンダム」を監督した富野由悠季氏の作品の一つに、『伝説巨神イデオン』というアニメがある（1980年5月8日から1981年1月30日にかけて、東京12チャンネルで放映）。ガンダムの本の後書きでイデオンの話から始まるのもなんだが、このイデオンというアニメ、もちろん現在でも高く評価されてはいるのだが、ガンダムのように有名ではない。

イデオンのストーリーはこうだ。地球人類が外宇宙にも進出できるようになった未来、開拓地として進出したソロ星で異星文明の遺跡を発見。同じ頃、地球人と同程度の科学力を持つバッフ・クランという異星人種族もソロ星に調査に訪れる。相手の正体がわからぬ両者は些細な食い違いからお互いを野蛮で凶暴な異星人と思い込み、戦争が始まってしまう。地球人もバッフ・クランも優しさや誠実さ、悲しみや憎悪も同じように持つ種族なのだが、それゆえに仲間を守ろうとしたり、仇を取ろうとするため戦争が激化してしまうのだ。

大人になってから見ると、悪人などいないのに、分かり合えないというだけで殺し合いにまで発展してしまう様は深く考えさせられる。

一説によると、イデオンのスポンサーである玩具会社は幼児向けのヒーローメカを望んだそうだが、富野監督がある程度高い年齢向けの物語を描きたかったともいわれ、イデオンは「物語は重厚で悲劇的なのに、出てくるメカはオモチャにしか見えない」「シリアスなストーリーなのにマンガみたいな恐竜の惑星に不時着したりする」などチグハグな面が見られる。大人になってから鑑賞すると、より深い演出意図がわかる、というのは裏を返せば子どもにはわかりにくいということでもあるし、大人から見ると子ども向けに描かれた部分が浮いて見えてしまう。実際のところ、ガンダムもそういう部分はある。

『機動戦士ガンダム』を初放送時に視聴したのは、私がまだ小学校低学年の頃で、登場人物が何をしてるのかすらよくわからなかった。ただ、それまでの「怪獣」と大差ないメカではなく、ちゃんと整備と試運転が必要なメカとして描かれるモビルスーツが、すごく新しいものに感じたのは覚えている。自分が面白いと感じたアニメは無数にあるが、「新時代が始まった！」と感じたのは『機動戦士ガンダム』と『風の谷のナウシカ』と『超時空要塞マクロス』と『新世紀エヴァンゲリオン』だけである。

ガンダムを子どもにもわかりやすい、勧善懲悪の「わるい侵略者をやっつける」だけの話にしていたら、おそらく古くて幼稚な話として忘れ去られていただろう。ガンダムは大人になって見ても新たな発見がある物語であるが故に、現在でも関連グッズが売れ、続編も作られているのだ。

だが、先のイデオンや『聖戦士ダンバイン』も、理解し合えない人間の悲しみと悲劇を描いた作品ながら、ガンダムのように一つの文化になったとは言い難い。

また、最初から若者や大人向けに作った『オーバーマン　キングゲイナー』や『ブレンパワード』がマニア好みのカルト作品になっているところを見ると、大人向けならいいというわけではないようだ（この2作は仲間や家族と理解し合えることがテーマになっているので、イデオンなどとは作風は違うのだが）。

結局、なぜガンダムは伝説の作品になったのか、よく分からない。面白いのは大前提として、宇宙戦艦ヤマトから続くアニメブームの隆盛の中で生まれてきた作品であること、プラモデルが大ヒットしたこと、続編を作る余地のある世界観だったことなど、色々な要素が影響し合い、全体的な流れとして伝説の作品になったのであって、人間の力で意図して同じようなブームを作り出すことはおそらく不可能だろう。

そういう意味でも「機動戦士ガンダム」は奇跡の作品であって、これからも輝きを放ち続けるに違いない。

２０２３年９月　著者記す

■主要参考文献

『機動戦士ガンダム　一年戦争全史 U.C.0079-0080』上・下巻（学研プラス）
『モビルスーツ全集13　ジオン陸戦モビルスーツ＆兵器BOOK』（双葉社）
浜田一穂『未完の計画機　命をかけて歴史をつくった影の航空機たち』（イカロス出版）
浜田一穂『未完の計画機２　VTOL機の墓標』（イカロス出版）
野原茂『ドイツ空軍 偵察機・輸送機・水上機・飛行艇・練習機・回転翼機・計画機1930-45』（文林堂）
本城宏樹他『戦う飛行船　第一次世界大戦ドイツ軍用飛行船入門』（イカロス出版）
S・A・ハウトスミット『ナチと原爆　アルソス：科学情報調査団の報告』（海鳴社）
中村秀樹『潜水艦　完全ファイル　新装版』（笠倉出版社）
J・ロンスン『実録・アメリカ超能力部隊』（文藝春秋）
毒島刀也『M1エイブラムスはなぜ最強といわれるのか』（ソフトバンククリエイティブ）
ASIOS『UFO事件クロニクル』（彩図社）
出射忠明『兵器メカニズム図鑑』（グランプリ出版）
W・ヨーネン『ドイツ夜間防空戦　夜戦エースの回想』（光人社）
ウィリアム・グリーン『ロケット戦闘機「Me163」と「秋水」』（サンケイ新聞社出版局）
『Xの時代―未知の領域に踏み込んだ実験機全機紹介』（文林堂）
『別冊日経サイエンス235 進化と絶滅 生命はいかに誕生し多様化したか』（日本経済新聞社）
『歴史群像　第二次大戦欧州戦史シリーズ20　ドイツ陸軍全史』（学研プラス）
『航空史シリーズ２　軍用機時代の幕開け』（デルタ出版）
デビット・ミラー『世界の潜水艦』（学研プラス）
オットー・カリウス『ティーガー戦車隊〈下〉』（大日本絵画）
石川雄一『ジープ　ウイリスMB・フォードGPW』（株式会社アイティーエフ）
石川雄一『ランドローヴァー　シリーズI 1948-49』（株式会社アイティーエフ）
宮崎康行『人工衛星をつくる』（オーム社）
『イスラエル軍戦車 Vol.2〈グランドパワー2013年11月号別冊〉』（ガリレオ出版）
ピーター・チェンバレン他『ジャーマンタンクス―日本語版』（大日本絵画）
『歴史群像93 カンブレー1917』（学研）
坂本明『最強　世界の軍用銃図鑑』（学研プラス）
『月刊ガンダムエース』（KADOKAWA）
『ガンダムの常識――一年戦争モビルスーツ大全』（双葉社）
横山雅司『激突！　世界の名戦車ファイル』（彩図社）
横山雅司『ナチス・ドイツ「幻の兵器」大全』（彩図社）
横山雅司『本当にあった！ 特殊飛行機大図鑑』（彩図社）
横山雅司『本当にあった！ 特殊兵器大図鑑』（彩図社）
横山雅司『本当にあった！　特殊乗り物大図鑑』（彩図社）…他多数
「ガンダム　プラモデルシリーズ　説明書 各種（HG、MG、RG、PGなど）」（バンダイ）

著者紹介

横山雅司（よこやま・まさし）

イラストレーター、ライター、漫画原作者。

ASIOS（超常現象の懐疑的調査のための会）のメンバーとしても活動しており、おもにUMA（未確認生物）を担当している。著書に『ナチス・ドイツ 幻の兵器大全』『本当にあった！ 特殊飛行機大図鑑』『本当にあった！ 特殊兵器大図鑑』『本当にあった！ 特殊乗り物大図鑑』『憧れの「野生動物」飼育読本』『極限世界のいきものたち』『激突！ 世界の名戦車ファイル』（いずれも小社刊）などがある。

本当にあった！

世界の〝機動戦士ガンダム〟計画

2023年9月21日　第1刷

著　者　横山雅司

発行人　山田有司

発行所　株式会社　彩図社
東京都豊島区南大塚3-24-4
ＭＴビル　〒170-0005
TEL：03-5985-8213　FAX：03-5985-8224

印刷所　シナノ印刷株式会社

URL https://www.saiz.co.jp Twitter https://twitter.com/saiz_sha

ISBN978-4-8013-0677-6 C0095